高等学校计算机基础教育教材精选

Python程序设计学习辅导

司慧琳 姚春莲 张迎新 肖媛媛 编著

清华大学出版社

北 京

内 容 简 介

本书是学习 Python 语言的辅助教材,适合 Python 程序设计入门的读者。全书围绕 Python 基本语法,通过语法简介、代码示例、练习题以及问题帖等方式,帮助学生理解和掌握 Python 的输入输出与数值计算、选择/循环等流程控制、字符串、列表与元组、函数与文件等内容。

本书侧重基于 Python 基本语法的平台编程训练,为了明确应训练的语法,所有编程题都提供了相应的输入输出用例,部分编程题还预设了前置或后置代码。本书第 7 章附有综合应用。

本书的问题帖搜集整理了初学者在进行编程训练时经常遇到的各种问题,以及如何解决问题的相关解答,具有一定参考价值。

本书可配合 Moodle 平台题库使用。

图书在版编目(CIP)数据

Python 程序设计学习辅导/司慧琳等编著. —北京:清华大学出版社,2021.6(2023.4 重印)
高等学校计算机基础教育教材精选
ISBN 978-7-302-58149-9

Ⅰ. ①P… Ⅱ. ①司… Ⅲ. ①软件工具-程序设计-高等学校-教学参考资料 Ⅳ. ①TP311.561

中国版本图书馆 CIP 数据核字(2021)第 088632 号

责任编辑:谢　琛
封面设计:傅瑞学
责任校对:胡伟民
责任印制:刘海龙

出版发行:清华大学出版社
　　　　网　　　址:http://www.tup.com.cn,http://www.wqbook.com
　　　　地　　　址:北京清华大学学研大厦 A 座　　　　邮　　编:100084
　　　　社 总 机:010-83470000　　　　　　　　　　　　邮　　购:010-62786544
　　　　投稿与读者服务:010-62776969,c-service@tup.tsinghua.edu.cn
　　　　质量反馈:010-62772015,zhiliang@tup.tsinghua.edu.cn
　　　　课件下载:http://www.tup.com.cn,010-83470236
印 装 者:三河市龙大印装有限公司
经　　销:全国新华书店
开　　本:185mm×260mm　　　　印　　张:7.75　　　　字　　数:195 千字
版　　次:2021 年 7 月第 1 版　　　　　　　　　　　　　印　　次:2023 年 4 月第 3 次印刷
定　　价:39.00 元

产品编号:092681-01

前言

本书面向高等学校非计算机专业学生的通识程序设计课程,以相关 Python 教材为基础,针对 Moodle 在线编程平台中已经建好的 Python 题库,通过语法的简要介绍和通俗易懂的代码实例讲解,帮助学生完成基于 Moodle 平台的程序设计题目训练,有利于学生理解和掌握 Python 语言的基本语法,包括输入输出与数值计算、选择/循环等流程控制、字符串、列表和元组、函数与文件等内容。

作为辅助教材,本书有五个特色:(1)每章围绕 1~2 个 Python 基本语法的主题,提供简单易懂的代码实例讲解,以及相应的 Moodle 平台练习,帮助学生理解和掌握本书内容。(2)侧重 Python 基本语法进行编程训练,习题代码总量超过 1000 行,能有效地帮助学生巩固所学知识。(3)所有编程题都提供了多组输入输出测试用例,培养学生严谨、细致的编程习惯,为明确对应的语法,部分题目预设了前置或后置代码。(4)为帮助学生检测学习效果,综合应用章节提供了基本练习和进阶与提高。(5)每章附有教学积累的问题帖,搜集整理了初学者在进行编程训练时经常遇到的各种问题,以及如何解决问题的相关解答,具有珍贵参考价值,所有的问题帖都做了精选和修订。

本书共 7 章,内容涉及 Python 入门、输入输出与数值计算、选择/循环等流程控制、字符串、列表与元组、函数与文件以及综合应用等内容,大约需要 48 学时。第 1 章介绍 Python 的 IDLE 开发工具、如何编写 Python 程序以及完成 Moodle 平台上的编程训练;第 2 章介绍输入输出与数值运算,包括输入和输出,变量、数据类型、数值计算所需的运算符和函数;第 3 章介绍流程控制,包括 if 语句、循环语句以及 break、continue 语句的用法;第 4 章介绍字符串,包括字符串运算以及有关函数和方法;第 5 章介绍列表与元组;第 6 章介绍函数与文件;第 7 章介绍综合应用。

本书基于 Moodle 平台进行 Python 基本语法编程训练。Moodle 平台上的题目,不仅要明确应训练的 Python 语法,还需要根据所给的用例输入和输出进行测试,提交代码由平台在线评测。由于目前 Moodle 平台支持的 Python 编译器版本是 Python 2.x,所以本书中的代码示例基于 Python 2.7,选择了 IDLE 2.7 作为开发环境,该版本与 Python 3.x 在输入、输出、汉字支持、第三方题库等有一些区别。本书给出的示例程序均在 IDLE 2.7 上调试通过。

本书适合编程知识零基础的读者。Python 语言的语法简单易学,经过本书的学习,初学者可以很容易掌握。本书适合作为高等院校 Python 编程的入门教材,还可以作为自学 Python 程序设计人员的参考书。

本书的作者司慧琳、姚春莲、张迎新和肖媛媛老师,均多年讲授各类程序设计入门课程,积累了丰富的教学资源和实践经验。本书配有相应的教学辅助课件以及程序实例,使之更符合 Python 入门课程的要求,有需要者可从清华大学出版社网站下载。

本书在策划和写作过程中,孙践知、孙悦红等老师提出了很多宝贵意见,同时也参考了许多国内外的 Python 入门书籍,在此一并表示衷心感谢。

鉴于作者水平有限,书中难免有错误和不妥之处,恳请读者批评指正!

作　者

2021 年 1 月

目录

第 1 章 Python 入门

1.1 IDLE 安装及运行

Python IDLE 是一款免费的软件，可以直接去 Python 的官网下载，网址：www.python.org/downloads，本书为配合 Moodle 平台上的练习题库，建议选择 Python IDLE 2.7 作为开发环境，并根据计算机的操作系统（Windows、MacOS、Linux）不同选择相应的版本。

Python IDLE 安装很简单，双击下载的安装包，选择默认安装即可。

Python IDLE 运行很简单，单击 Windows 的开始菜单栏寻找 Python 2.7，选择单击 IDLE 来启动 Python 图形化运行环境，如图 1.1 所示。

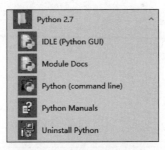

图 1.1 如何运行 IDLE

IDLE 启动后的初始窗口如图 1.2 所示。

```
7% Python 2.7.6 Shell                                          —    □    ×
File  Edit  Shell  Debug  Options  Windows  Help
Python 2.7.6 (default, Nov 10 2013, 19:24:18) [MSC v.1500 32 bit (Intel)] on win
32
Type "copyright", "credits" or "license()" for more information.
>>> |
```

图 1.2 启动的 IDLE 图形化界面

当然，也可以在桌面或者任务栏创建 IDLE 的快捷方式，这样启动就更方便了。

1.2 编写简单的程序

【例 1.1】 实现圆的面积计算：从键盘输入圆的半径，计算圆的面积并输出（圆周率用 3.14 进行计算），如图 1.3 所示。

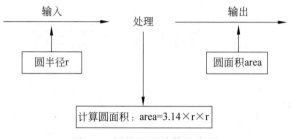

图 1.3　圆的面积计算示意图

```
r = input()
area = 3.14 * r * r
print area
```

用例输入：

```
5
```

用例输出：

```
78.5
```

在 IDLE 中，以交互运行方式进行测试圆的面积计算，如图 1.4 所示。

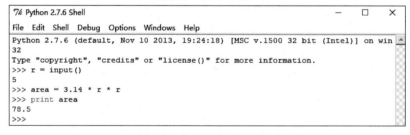

图 1.4　交互运行方式测试

＞＞＞是一种交互执行方式，即直接在终端命令行中输入代码并运行，不需要通过文件。Python 2.7 里 input 函数默认接收的是 int 类型，但是 input 函数会根据变量的赋值自动确定其数据类型，可以通过内置 type 函数来判断变量的数据类型，如图 1.5 所示。

在 IDLE 中，以文件方式进行测试圆的面积计算，分为 4 个步骤。

```
>>> r = input()
5
>>> print type(r)
<type 'int'>
>>> area = 3.14 * r * r
>>> print area
78.5
>>> r = input()
1.5
>>> print type(r)
<type 'float'>
>>> area = 3.14 * r * r
>>> print area
7.065
```

图 1.5　测试 input 接收的数字的类型

1. 新建文件

选择 File 菜单,再选择 New File 菜单项或者按 Ctrl＋N 键,如图 1.6 所示。

2. 输入代码

在打开的输入代码窗口中输入完整代码,如图 1.7 所示。

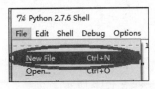

图 1.6　新建文件

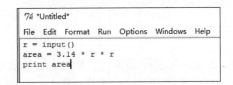

图 1.7　输入代码

3. 保存文件

选择 File 菜单,再选择 Save As 菜单项或者 Ctrl＋Shift＋S 键,如图 1.8 所示。

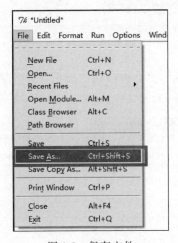

图 1.8　保存文件

注意：Python 文件的扩展名是 py，保存文件时文件名要加扩展名，如图 1.9 所示。

图 1.9　带扩展名 py 的文件

4. 运行文件

Python 是一种解释型语言，这意味着开发过程中没有编译这个环节。选择 Run 菜单，再选择 Run Module 菜单项或者按 F5 键即可运行，如图 1.10 所示。

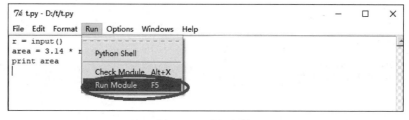

图 1.10　运行文件

在 IDLE 中，输入圆的半径，将会进行圆的面积计算并输出，如图 1.11 所示。

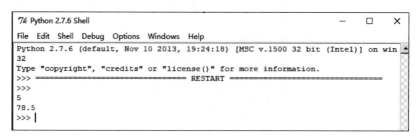

图 1.11　文件方式测试

其实,软件开发过程中,总免不了这样或那样的错误,其中有语法方面的,也有逻辑方面的。对于语法错误,Python 解释器能很容易地检测出来,这时它会停止程序运行并给出错误提示。对于逻辑错误,解释器就鞭长莫及了。所以,有时需要对程序进行调试。

最简单的调试方法是直接显示程序数据,例如可以在某些关键位置用 print 函数显示出变量的值,从而确定有没有出错。

除此之外,还可以使用调试器来进行调试。利用调试器,可以分析被调试程序的数据,并监视程序的执行流程。调试器的功能包括暂停程序执行、检查和修改变量、调用方法而不更改程序代码等。

IDLE 提供了一个调试器,帮助开发人员来查找逻辑错误。在 Python Shell 窗口中单击 Debug 菜单中的 Debugger 菜单项,就可以启动 IDLE 的交互式调试器。这时,IDLE 会打开 Debug Control 窗口,在 Python Shell 窗口中输出[DEBUG ON]并后跟一个“＞＞＞”提示符。这样,就能像平时那样使用这个 Python Shell 窗口了,只不过现在输入任何命令都是允许在调试器下。如图 1.12 所示。

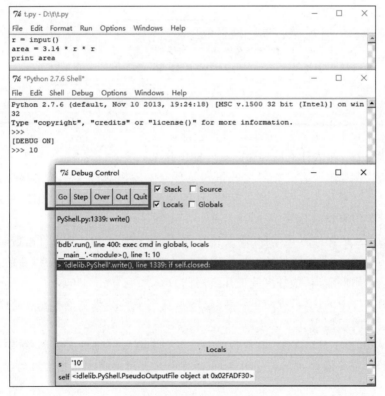

图 1.12　IDLE 调试方式

图 1.12 中,在 Debug Control 窗口查看局部变量和全局变量等有关内容。如果要退出调试器的话,可以再次单击 Debug 菜单中的 Debugger 菜单项,IDLE 会关闭 Debug Control 窗口,并在 Python Shell 窗口中输出[DEBUG OFF]。

1.3 如何做 Moodle 平台上的编程题

Moodle 平台上的编程题目是基于 IDLE 文件方式,将文件形式的代码提交到平台的题目的"提交"页面,即复制到代码文本框里,单击"提交"按钮即可,如图 1.13 所示。

图 1.13 提交平台

Moodle 平台上的编程题目训练,具体步骤:
- 看清题意:输入什么? 要做什么? 输出什么?
- 看清用例:输入有几个? 输入格式是什么? 输出有几个? 输出格式是什么? 输出时务必要注意空格的位置和数量,因为平台练习时,评测规则是根据用例输出进行字符串精确比对。
- 采用 IDLE 文件方式编程、调试和测试:编写程序在 IDLE 进行运行时,建议采用 Moodle 平台上的题目所给出的用例输入进行测试,查看输出结果是否符合题目所给的用例输出,最好多验证几组用例。
- 复制文件中的代码,提交平台在线评测,直至平台结果页面提示:通过全部用例,未通过的用例为 0 个为止。

注意:本书为了节省篇幅,通常示例和练习大多只给一组用例做参考,实际上平台上的题目评测时,会给多组用例进行测试,平均每个题大约提供 5 组左右用例。

第 2 章 输入输出与数值运算

2.1 本章语法

1. 变量

Python 没有声明变量的命令,变量是在为其赋值时创建的。也就是说,Python 是动态类型语言,变量命名时不需要显式声明数据类型,但是有一条语法规则务必遵循:"**变量在访问之前,必须先绑定。**"这就是要求先赋值,否则使用变量会报错,如图 2.1 所示。

```
7 Python 2.7.6 Shell                                      —    □    ×
File  Edit  Shell  Debug  Options  Windows  Help
Python 2.7.6 (default, Nov 10 2013, 19:24:18) [MSC v.1500 32 bit (Intel)] on win
32
Type "copyright", "credits" or "license()" for more information.
>>> x=5
>>> print x
5
>>> s='abc'
>>> print s
abc
>>> print y

Traceback (most recent call last):
  File "<pyshell#4>", line 1, in <module>
    print y
NameError: name 'y' is not defined
>>>
```

图 2.1 变量的使用

在图 2.1 中显示,x 和 s 两个变量都可以正常使用,因为 x 和 s 在使用前都先赋值了。当试图输出 y 的时候,系统会报错的原因是 y 变量未赋值,因此不能直接使用 y。

变量可以通过常量赋值,数值常量直接描述,字符常量需要用两个双引号或者单引号将 1 个或多个字符括起来。

2. 命名规则

Python 变量命名规则:
- 变量名必须以字母或下画线字符开头;
- 变量名称不能以数字开头;
- 变量名只能包含字母、数字字符和下画线(A~z、0~9 和 _);
- 变量名区分大小写(age、Age 和 AGE 是三个不同的变量);

- 变量名中间不能出现空格,长度没有限制。

根据这个命名规则,x、num、num_1、numEggs、python123 都是合法的变量名;而 2x、a-b、num Eggs 都是不合法的变量名。

注意:特殊的标识符被称为"关键字"或者是"保留字",它们不能被命名。像普通标识符那样使用。Python 关键字的完整列表可以通过 import keyword 和 print keyword.kwlist 方式查看,如图 2.2 所示。

```
76 Python 2.7.6 Shell                                          —   □   ×
File  Edit  Shell  Debug  Options  Windows  Help
Python 2.7.6 (default, Nov 10 2013, 19:24:18) [MSC v.1500 32 bit (Intel)] on win
32
Type "copyright", "credits" or "license()" for more information.
>>> import keyword
>>> print keyword.kwlist
['and', 'as', 'assert', 'break', 'class', 'continue', 'def', 'del', 'elif', 'els
e', 'except', 'exec', 'finally', 'for', 'from', 'global', 'if', 'import', 'in',
'is', 'lambda', 'not', 'or', 'pass', 'print', 'raise', 'return', 'try', 'while',
'with', 'yield']
>>>
```

图 2.2　查看关键字

3. input 函数

Python 2.7 中,input 函数用来从键盘输入数值,所输入的数值可以是整数,也可以是浮点数,即运行带小数。格式为:

<变量> = input(<提示性文字>)

例如:a=input("输入第一个数:")。如果要输入多个数,可通过多个 input 函数,例如:a=input("输入第一个数:"),执行输入数给 a 赋值后,再继续执行 b=input("输入第二个数:"),执行输入数给 b 赋值。

input 函数中包含的提示性文字是可以省略的,即**<变量> = input()**。注意:input 函数虽然省略了提示性参数,但是括号不能省略。

Moodle 平台上的题目,用例输入通常不需要包含提示性文字,所以当输入 1 个数时,通过 1 个 input 函数,例如:r = input()即可。当输入多个数,通过多个 input 函数,例如:

```
a=input()
b=input()
c=input()
```

表示从键盘输入 3 个数,以换行分隔,分别将值赋给 a、b、c 三个变量。

多个数输入,也可以通过 1 个 input 函数,例如:a,b,c=input(),表示从键盘输入 3 个数,以逗号分隔,分别将值赋给 a、b、c 三个变量。

另外,Python 2.7 中字符串数据输入采用 raw_input 函数,后续第 4 章介绍其语法,这与 Python 3 的版本存在区别。

4. print 函数

print 函数可以输出各种类型变量的值,无论什么类型,数值、布尔、字符、列表、字典等都可以通过 print 函数直接输出。在 Python 2 中,print 函数的括号可以省略,即类似 print 命令,例如:print(area)虽然可以用,但是建议使用 print area,这样省略括号更简洁。

print 函数输出多个数时,用逗号(,)分隔,例如:print a,b 表示变量 a、b 值输出时以空格隔开。再例如:print "c=",c 表示提示文字"c="与变量 c 值输出时以空格分隔。

默认情况下,print 函数输出完所有提供的表达式之后,会自动换行。另外,单独一个 print,什么参数都没有,将输出一个空行。

print 函数可以通过%来选择要输出的变量,例如:print "%.2f"%c 表示以两位小数格式输出 c 的值。

常用的格式控制符:%s 表示格式化为字符串,%d 表示格式化为整数,%f 表示格式化为浮点数,浮点数可指定小数点后的精度,如%.2f 表示两位小数。

5. 赋值语句

Python 语言中,= 表示"赋值",即将等号右侧的值计算后将结果值赋给左侧变量,包含等号(=)的语句称为"赋值语句"。例如:area = 3.14 * r * r。

使用链式赋值可以为多个变量同时赋值相同值,例如:x=y=z=200,等价于 x = 200、y = 200、z = 200。

使用解包赋值,即序列数据类型解包为对应相同个数的变量,例如:a,b=100,200 等价于 a=100、b=200,a,b=b,a 等价于 ab 值交换。

6. 数值类型与操作

Python 语言中,数值类型分两种:

- 整数类型(int):表示整数的数据类型。与其他计算机语言有精度限制不同,Python 中的整数位数可以为任意长度(只受限制于计算机内存)。整型对象是不可变对象。

- 浮点类型(float):表示实数的数据类型。与其他计算机语言的双精度(double)和单精度(float)对应,Python 中的浮点类型精度与系统相关。

常用的数值内置操作包括:+(加)、-(减)、*(乘)、/(除)、//(整除)、%(取余)、**(乘方)。注意:Python 2.x 版本中/(除)跟操作数类型有关,即/运算计算结果要带小数,则参与计算的操作数至少有一个是能带小数的数据类型,例如:10/4,结果是 int 类型,表达式值是 2,如果是 10/4.0、10.0/4 或者 10.0/4.0,结果是 float 类型,表达式值是 2.5。

常用的数值内置函数包括:abs(x),即求 x 的绝对值;max(x1,x2,…,xn),即返回 x1,x2,…,xn 中的最大值;min(x1,x2,…,xn),即返回 x1,x2,…,xn 中的最小值。

Python 标准函数库 math 也提供了对数值的操作,但是只支持整数和浮点数运算,不支持复数类型。注意:math 库中的常数和函数不能直接使用,需要用关键字 import 引用后才可使用。引用 math 库有两种方式：

方式 1：import math

方式 2：from math import *

例如使用 math 库中的 sqrt 函数，在方式 1 中，sqrt 函数前需要写上库名，即"math. sqrt"。在方式 2 中，* 表示所有函数和常量，用 import 直接引用了 math 中的 sqrt 函数，前面不需要再加上 math 库名。

7. 书写规则

Python 程序的书写规则：

- 使用换行符分隔，一般情况下，一行一条语句。
- 从第一列开始，前面不能有任何空格，否则会产生语法错误。
- 以 ♯ 开始的语句是注释语句。
- 在 Python 程序中所有语法符号，必须在英文输入法下输入，字符串中符号除外。
- 在 Python 中代码的缩进非常重要，即 Python 非常重视缩进。

2.2　本 章 示 例

【例 2.1】　用不同的输入输出方法实现：从键盘输入两个数，求和并输出。

方法 1：

```
a = input()
b = input()
c = a+b
print c
```

用例输入：

```
12.7
3
```

用例输出：

```
15.7
```

代码解析：

- 只要输入的两个数是数值即可，这两个数可以是 int 类型，也可以是 float 类型。
- 两数输入时，分隔符是换行，对应 2 个 input 函数。
- 直接输出 c 的值，不作任何格式控制。

方法 2：

```
a,b = input()
c = a+b
```

```
print c
```

用例输入：

```
12.7,3
```

用例输出：

```
15.7
```

代码解析：

- 只要输入的两个数是数值即可，可以是 int 类型，也可以是 float 类型。
- 两数输入时的分隔符是逗号，对应 1 个 input 函数。
- 直接输出 c 的值，不作任何格式控制。

方法 3：

```
a,b = input()
c = a+b
```
print "c=",c

用例输入：

```
12.7,3
```

用例输出：

```
c= 15.7
```

代码解析：

- 只要输入的两个数是数值即可，可以是 int 类型，也可以是 float 类型。
- 两数输入时的分隔符是逗号，对应 1 个 input 函数。
- 输出带文本提示，文本提示与 c 值之间有一个空格作分隔。

方法 4：

```
a,b = input()
c = a+b
```
print "c=%.2f"%c

用例输入：

```
12.7,3
```

用例输出：

```
c=15.70
```

代码解析：

- 只要输入的两个数是数值即可，可以是 int 类型，也可以是 float 类型。
- 两数输入时的分隔符是逗号，对应 1 个 input 函数。
- 输出带文本提示，文本提示与 c 值之间没有分隔符，c 值以 2 位小数形式输出。

方法 5：

```
#coding=utf-8
a,b = input()
c=a+b
print "和=",c
```

用例输入：

```
12.7,3
```

用例输出：

```
和=15.7
```

代码解析：

- 只要输入的两个数是数值即可，可以是 int 类型，也可以是 float 类型。
- 两数输入时的分隔符是逗号，对应 1 个 input 函数。
- 输出带中文提示，中文提示与 c 值之间有一个空格作分隔，如图 2.3 所示。

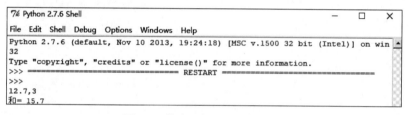

图 2.3　带中文提示的运行界面

注意：方法 5 中，如果删除首行代码，将会出现警告，如图 2.4 所示。

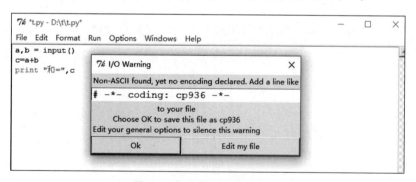

图 2.4　中文提示引发的警告

注意：如果代码中出现中文提示，在文件首行加 #coding＝utf-8，要在最顶行添加。

2.3 本章练习题

本章的练习题可以分为 2 次完成。第 1 次练习侧重输入、输出、数值简单计算等语法掌握;第 2 次练习测重相对复杂的数值计算,涉及各种操作和内置函数用法。

输入输出与数值计算练习 1

【练习 2.1】 两数求和。

题目描述:从键盘输入 2 个数,输出和。

用例输入:

```
4
5.5
```

用例输出:

```
9.5
```

【练习 2.2】 计算圆的面积和周长。

题目描述:从键盘输入圆的半径,计算圆的面积和周长并输出(圆周率用 3.14 计算)。

用例输入:

```
1.5
```

用例输出:

```
9.42 7.065
```

【练习 2.3】 成绩计算。

题目描述:设某学生的某门课总评成绩由两部分组成:平时成绩和期末成绩,其中平时成绩占 30%,期末成绩占 70%。编写一个程序,要求通过键盘输入该学生的某门课的平时成绩和期末成绩,从屏幕输出该学生这门课的总评成绩。

用例输入:

```
100
43.5
```

用例输出:

```
60.45
```

【练习 2.4】 整数相除。

题目描述:从键盘上输入 2 个整数,然后在屏幕上输出这 2 个数的商。

注意:两个整数相除结果还是整数。

用例输入：

9
5

用例输出：

1

【练习 2.5】 温度转换。

题目描述：从键盘输入华氏温度，将它转换为摄氏温度并输出。

转换公式：c＝5÷9×(f-32)

注意：5/9 的结果为 0，怎么办？

用例输入：

64

用例输出：

17.7777777778

【练习 2.6】 两数求余。

题目描述：从键盘输入 2 个整数，计算其余数并输出。

用例输入：

3
5

用例输出：

r= 3

【练习 2.7】 买水果。

题目描述：王小二同学到超市去买水果，设苹果 3.5 元/斤，香蕉 4.2 元/斤，他买了 a 斤苹果，b 斤香蕉。a 和 b 从键盘输入，请计算应该付多少钱(1 斤＝0.5kg)？

用例输入：

5
3

用例输出：

30.1 yuan

【练习 2.8】 打谷场面积大了多少？

题目描述：假设有一块正方形的打谷场，边长 m 米，m 从键盘输入，如果它的周长增加 24 米，这个打谷场的面积比原来大多少平方米？

用例输入：

62

用例输出：

780 平方米

【练习 2.9】 单位换算。

题目描述：输入一个以厘米为单位的长度,转换为以英寸、英尺为单位的值输出(保留 2 位小数),1 英寸＝2.54 厘米,1 英尺＝12 英寸。

用例输入：

100

用例输出：

39.37

3.28

【练习 2.10】 计算圆柱的表面积。

题目描述：从键盘输入圆柱底面的半径和高,输出圆柱的表面积,保留三位小数。圆周率以 3.14 计算。

提示：圆柱表面积＝底面积 * 2＋侧面积(侧面积是底面周长 * 高)

用例输入：

3.5

9

用例输出：

274.750

输入输出与数值计算练习 2

【练习 2.11】 两数求和。

题目描述：从键盘输入 2 个数,输出其和(保留 2 位小数)。

用例输入：

3.4123

5

用例输出：

3.4123 + 5 = 8.41

【练习 2.12】 交换两个数。

题目描述：从键盘输入 2 个整数,交换二者的值,然后输出。

用例输入：

5

9

用例输出：

9 5

【练习 2.13】 三个数求和。

题目描述：从键盘输入 3 个整数，输出其和。

用例输入：

3,4,5

用例输出：

sum= 12

【练习 2.14】 期末最少要考多少分？

题目描述：设 Python 课程的平时与期末机考分别占总评成绩的 30% 和 70%，从键盘输入平时成绩，请计算期末机考成绩至少要考多少分才能及格，要求带 1 位小数。

用例输入：

100

用例输出：

42.9

【练习 2.15】 x 的 y 次方。

题目描述：从键盘输入 2 个数 x 和 y，计算 x 的 y 次方并输出。

用例输入：

3
2

用例输出：

9

【练习 2.16】 球的计算。

题目描述：从键盘上输入一个半径，求以其为半径球的表面积和体积(球体表面积公式为 $4\pi r^2$，体积公式为 $4\pi r^3/3$)。要求：π 取 3.1415926，结果保留 2 位小数，四舍五入。

用例输入：

10

用例输出：

表面积= 1256.64
体积= 4188.79

【练习 2.17】 计算绝对值。

题目描述：从键盘输入一个数，输出其绝对值。

用例输入：

-5.6

用例输出：

5.6

【练习 2.18】 求最大最小值。

题目描述：从键盘输入 3 个数,输出其最大值和最小值。

用例输入：

1.2,2.4,0.6

用例输出：

max= 2.4
min= 0.6

【练习 2.19】 梯形面积计算。

题目描述：从键盘上输入梯形的上底、下底和高,输出梯形的面积。提示：面积＝
(上底＋下底)＊高/2,结果保留 2 位小数。

用例输入：

2,5,3

用例输出：

10.50

【练习 2.20】 三角形面积计算。

题目描述：输入三角形三条边的边长(用例都是符合三角形条件,不用判断是否符合
三角形条件),计算三角形的面积并输出(保留 2 位小数)。

提示：计算三角形面积,可用海伦公式：$s = \sqrt{[p(p-a)(p-b)(p-c)]}$,其中 a、
b、c 是三角形三边,$p=(a+b+c)/2$。

用例输入：

3,4,5

用例输出：

6.00

【练习 2.21】 计算 BMI。

题目描述：从键盘输入用户的身高和体重,计算用户的 BMI 值并输出。

提示：BMI 即身体质量指数,是用体重(千克)除以身高(米)的平方得出的数字,即
BMI＝体重(kg)÷身高^2(m)

用例输入：

```
1.65,60
```

用例输出：

```
22.04
```

2.4 本章问题帖

1. 两数求和

问：为什么程序在 Python 里运行得很好，但不能通过这个平台评测？

```
>>> a=input()
3
>>> b=input()
5
>>> c=a+b
>>> print c
8
```

答：上述代码不是文件方式运行需要的代码。建议去掉>>>，将代码保存为 py 文件，即：

```
a=input()
b=input()
c=a+b
print c
```

再测试一下在 IDLE 上运行情况，如果符合题目的用例的输入和输出要求，再提交平台评测。

2. 关于平台提交作业的问题

问：为什么 Python 和文本不能转化，而且输入很奇怪，怎么转文本？为什么打代码要输入数字？为什么不能自己出现三个大于号，只有输完数字才行？怎么转成作业？

答：>>>是交互运行方式，IDLE 自带的提示。提交作业的那个平台，实际上是文件方式代码，以文件方式运行没问题后，再交作业。另外是否需要输入，得看题目要求，如果题目描述中有从键盘输入，则需要 input 函数。

3. 关于保留两位小数

问：除了用'%.3f'%c 来解决保留小数问题，还可以用 round(c,3)，还有什么保留小数的方法？从百度查询？

```
r=input()
```

```
h=input()
c=3.14 * r * r * 2+3.14 * 2 * r * h
print '%.3f'%c
```

答：确实，求助百度是一个途径。注意用 round 有局限，例如：round(3.4,2)，只能输出 3.4，无法输出 3.40。另外，虽然 print "{:.3f}".format(c) 在 IDLE 上可行，但是提交 Moodle 平台不可行，Moodle 平台上可行的替换是：print format(c,".3f")，不过写起来太麻烦，不推荐使用。

4. 温度转换

问：下面的代码哪错了？

```
#coding=utf-8
f=input()
c=5 * (f-32)/9 #温度转换
print "%.1f" % c
```

答：上述代码涉及如何将整数除改为实数除，满足用例输出带小数的要求。c＝5 * (f－32)/9 改为 c＝5.0 * (f－32)/9 即可。

5. 关于 Moodle 平台提交作业的问题

问：为什么两个输出之间还有顺序呢？
答：平台评测规则是：比对结果是字符串精确匹配，所以顺序不同肯定不成。

6. 关于四舍五入的含义

问：四舍五入是什么意思？
答：比如 3.1415 以 3 位小数输出，四舍五入的值是 3.142，而 3.1414 以 3 位小数输出，四舍五入的值是 3.141。

7. 关于保留几位小数

问：能讲一下保留几位小数的问题吗？
答：print "%.2f"%c 两位小数；print "%.3f"%c 三位小数；print "%.1f"%c 一位小数。注意%.nf 后面的数字 n 表示小数位数。

8. 关于空格和逗号的区别

问：小数位数的符号前什么时候加＝号，什么时候空格，什么时候加逗号？
答：平台的题目，多个数以逗号输入，例如 a,b,c＝input()，执行时三个数从键盘输入，以逗号分隔。多个数以空格输出，例如 print a,b,c 执行后输出结果 abc 之间是空格分隔。至于什么时候加或者不加，以用例的输入或输出格式为准。

9. 计算中 2.0 和 2 的区别

问：为什么计算公式中用 2.0 和 2 算出来的结果不同？

答：2 是整数，即不允许带小数。2.0 是浮点数，即允许带小数。

10. 关于类型转换

问：下面程序除数为啥需要写 2.00 呢？

```
a,b,c=input()
s=(a+b)*c/2.00
print "%.2f" %s
```

答：写 2.00 没必要，用 2.0 就可以，表示实数除，允许计算结果带小数，当然也可用强制类型转换方式，代码为：s＝float(a+b) * c/2，等价于 s＝(a+b) * c/2.0。

11. 梯形面积

问：求梯形面积，为什么用例输出没通过？

```
a,b,c=input()
s=(a+b)*c/2
print "%.2f"%s
```

答：去看平台，题目的第一个输入用例都是整数，参与计算的都是整数，整数除不满足用例输出的要求，可以将 s＝(a+b) * c/2 改为 s＝(a+b) * c/2.0 或 s＝float(a＋b) * c/2，这样保证是实数除，计算结果带小数，就满足用例输出的要求了。

12. 圆的表面积、体积计算

问：下面程序错在哪了？

```
a=input()
b=4.0*3.1415926*a*a
c=4.0*3.1415926*a*a*a/3.0
print "表面积=","%.2f" % b
print "体积=","%.2f" % c
```

答：代码中带中文提示，所以首行加 ♯coding＝utf-8。

13. 三个数求和

问：下面程序错在哪了？

```
a=input()
b=input()
c=input()
print "sum=",a+b+c
```

答：去看平台用例输入，要求 a、b、c 输入时是以逗号分隔，而非换行分隔。

14. 球的计算

问：下面程序错在哪了？

```
#coding=utf-8
r=input()
s=4*3.1415926*r*r
v=4*3.1415926*r*r*r/3
print "表面积","=","%.2f"%s
print "体积","=","%.2f"%v
```

答：上述代码中有中文标点符号，自行修改为英文标点符号吧。另外输出格式要满足输出用例的要求，平台评测是结果进行精确字符串比对，上述的代码带多余空格，不满足用例输出的要求。例如：print "表面积","=","%.2f"%s 可以修改为 print "表面积="，"%.2f"%s。其他参考这个写法自行修改。

15. 关于格式输出

问："%s 和"%.2f"能不能换一下位置，或者写成 print s "%.2f"可以吗？

答：print "%.2f"%s 表示输出 s 的值，格式是 2 位小数，这不存在换位置的情况，注意：第一个%表示格式控制，即输出几位小数，第二个%表示选择要输出的变量，即 s 的值。

16. 关于 IDLE 运行时的中文乱码问题

问：为什么体积这个提示在 IDLE 运行后变成了"浣撶 H＝"？

答：在代码有中文情况下，将编码格式改为 #coding＝GBK 即可解决 IDLE 2.7 中的中文乱码问题，但是代码提交 Moodle 平台，一定要采用 #coding＝utf-8。

17. 海伦公式的写法

问：除了用**运算，还有其他方法吗？

```
h=(a+b+c)*0.5
m=(h*(h-a)*(h-b)*(h-c))**0.5
print "%.2f"%m
```

答：也可以用数学函数 sqrt()，即 m ＝ sqrt(h*(h-a)*(h-b)*(h-c))，注意使用 math 库里的数学函数，需要添加一句：from math import * 。

18. 三角形的面积

问：下面程序为什么没有输出结果？

```
import math
a=input()
b=input()
c=input()
p=float(a+b+c)/2
area=math.sqrt(p*(p-a)*(p-b)*(p-c))
```

答：上述代码没注意用例输入，思考一下输入 3 个数以逗号分隔，该如何写才能满足用例输入要求的以逗号分隔的要求？

19. 关于格式输出

问：print"ave＝％.1f"％ave 和 print "％.1f"％ave 这两个输出能互换吗？

答：这两个 print 语句里，都有 2 个％，所起作用不同，第 1 个％表示格式控制，以 1 位小数输出，而第 2 个％表示％连接的 ave 变量并输出。但是 print "ave＝％.1f"％ave 格式控制里带字符常量"ave＝"作提示信息，而 print "％.1f"％ave 不带提示信息，这两个 print 语句功能不一样，不能互换。

第 3 章 流程控制

3.1 本 章 语 法

1. 流程控制

流程控制是计算机运算领域的用语,意指在程序运行时,个别的指令(或是陈述、子程序)运行或求值的顺序。流程控制分为三种:

1)顺序结构

顺序结构是指语句从上到下顺序执行。

2)选择结构

选择结构是依指定变量或表达式的结果,决定后续运行的程序,选择结构通过 if 语句,分 3 种形式:

- 单分支:如果条件正确就执行一个单向 if 语句。当且仅当条件为 true 时,一个单向 if 语句执行一个动作。注意:if 块中的语句都要在 if 语句之后缩进。格式为:

if 判断条件:
　　执行语句块

- 双分支:双向 if-else 语句根据条件是真还是假来决定要执行哪一个动作。如果条件是 True,那么 if 语句执行第一个动作,但当条件是 False 使用双向 if-else 来执行第二个动作。格式为:

if 判断条件:
　　执行语句块 1
else:
　　执行语句块 2

- 多分支:Python 不支持 switch 语句,常用的多分支是 if … elif … else 判断语句。格式为:

if 判断条件 1:
　　执行语句块 1
elif 判断条件 2:
　　执行语句块 2

```
elif 判断条件 3：
    执行语句块 3
else：
    执行语句块 4
```

3）循环结构

循环结构是指一段在程序中只出现一次，但可能会连续运行多次的代码。循环分 2 种形式：

- for 循环：该循环可指定运行次数。格式为：

```
for 循环变量 in 迭代器：
    执行语句块
```

迭代器有很多类型，例如：range 函数、字符串、列表、元组、字典、集合等。

- while 循环：该循环可指定继续运行条件（或停止条件），比较重视对循环条件的判断语句进行执行循环的动作。格式为：

```
while 判断条件：
    执行语句块
```

绝大多数场景下，for 循环与 while 循环可以互相替代。

2. 条件表达式

选择结构和循环结构中，都要根据条件表达式的值来确定下一步的执行流程。在条件表达式中会经常用到关系运算符（==、!=、<、>、>=、<=）和逻辑运算符（and、or、no）。

使用各种运算符可以构建不同的条件表达式，例如：假设有整数 x，如果满足 x％2==0，则表示 x 为一个偶数；满足 x％3==0 and x％10==5，则表示 x 是 3 的倍数且个位上数字为 5。假设三角形的 3 条边分别为 a、b、c，如果满足(a+b>c) and (b+c>a) and (a+c>b) and (a>0) and (b>0) and (c>0)，则表示 a、b、c 能构成一个三角形。

3. range 函数

range 函数是 Python 中的一个内置函数，调用这个函数就能产生一个迭代序列，因此适合放在 for 语句的头部，range 函数有 3 种不同的调用方式：

- range(n)：得到的迭代序列为：0,1,2,3,…,n−1。例如：range(100)表示序列 0,1,2,3,…,99。当 n 小于等于 0 的时候序列为空。
- range(m, n)：得到的迭代序列为：m,m + 1, m + 2,…,n−1。例如：range(11,16)表示序列 11,12,13,14,15。当 m>=n 的时候序列为空。
- range(m, n, d)：得到的迭代序列为：m,m +d, m + 2d,…,按步长值 d 递增，如果 d 为负则递减，直至那个最接近但不包括 n 的等差值。因此 range(11,16,2)表示序列 11,13,15；而 range(15,4,−3)表示的序列为：15,12,9,6。

4. break 和 continue 语句

for 语句和 while 语句都是通过头部控制循环的执行,一旦进入循环体,就会完整地执行一遍其中的语句,然后再重复。实际中,也会遇到一些只执行循环体中的部分语句就结束循环或者立刻转去做下一次循环的情况,那么就需要用到循环控制语句 break 和 continue。

break 语句的作用是立刻结束整个 for 循环,continue 语句的作用是结束这一轮的循环,程序跳转到循环头部,根据头部的要求继续。

循环中的 else 用法:碰到 break、return,打破整个循环,不执行 else;碰到 continue,只是跳出单次循环,整个循环完毕还是会执行 else。

5. 嵌套

Python 语言允许选择嵌套和循环嵌套以及选择和循环彼此嵌套。

循环嵌套是指在一个循环体里面嵌入另一个循环,将嵌套在里面的循环当作一个语句来看,相对外面的循环,每次执行完整的内存循环,常用的有两种形式:

- for 循环嵌套 for 循环,格式为:

```
for 循环变量 1 in 迭代器 1:
    for 循环变量 2 in 迭代器 2:
        执行语句块 1
    执行语句块 2
```

- while 里嵌套 while 循环,格式为:

```
while 判断条件 1:
    while 判断条件 2:
        执行语句块 1
    执行语句块 2
```

当然,for 循环里也可以嵌套 while 循环,while 循环里也可以嵌套 for 循环,因为比较容易出错,不建议混用。

选择和循环彼此嵌套是指在一个选择里面嵌入一个循环,或者一个循环里嵌套一个选择,同样,将嵌套在里面的选择或循环当作一个语句来看,常用的有两种形式:

- 选择里嵌套循环,格式为:

```
if 判断条件:
    for 循环变量 in 迭代器:
        执行语句块 1
    执行语句块 2
else:
    执行语句块 3
```

- 循环里嵌套选择:常见的应用是穷举法,如鸡兔同笼问题的求解。格式为:

```
for 循环变量 in 迭代器：
    if 判断条件：
        执行语句块 1
        break
else：
    执行语句块 2
```

3.2 本 章 示 例

【例 3.1】 用不同的流程控制方法实现：输入三角形三条边的边长，计算三角形的面积。

方法 1：

```
import math
a = input()
b = input()
c = input()
h = float(a+b+c)/2
area = math.sqrt(h * (h-a) * (h-b) * (h-c))
print "%.2f"%area
```

用例输入：

```
3
4
5
```

用例输出：

```
area=6.00
```

用例输入：

```
22.3
3.5
5.4
```

则无用例输出，程序运行报错。

代码解析：采用顺序结构实现，不存在对三角形三边数据是否合法的判断，当输入的三角形三边不能构成三角形时，无法计算三角形面积，所以无用例输出，运行后程序报错，提示错误原因是第 2 行代码语法无效，从根源上推测原因是输入有误！ 如图 3.1 所示。

方法 2：

```
import math
a = input()
```

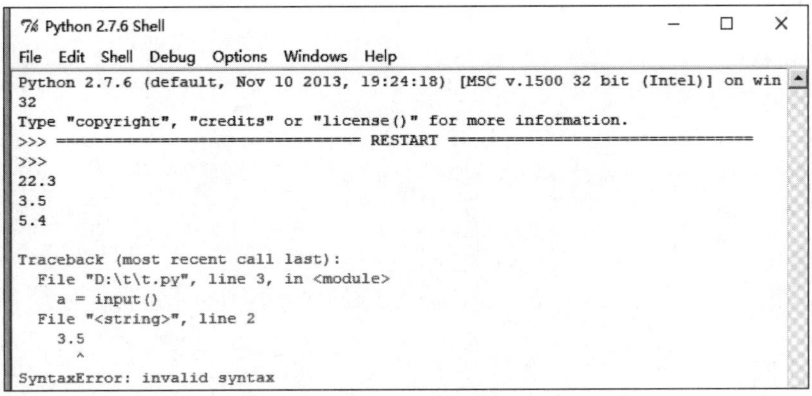

图 3.1　输入三角形三边运行出错界面

```
b = input()
c = input()
if (a+b>c) and (a+c>b) and (b+c>a) and (a>0) and (b>0) and (c>0):
    h = float(a+b+c)/2
    area = math.sqrt(h * (h-a) * (h-b) * (h-c))
    print "area=%.2f"%area
else:
    print " Three sides are illegal, can't form a triangle. "
```

用例输入：

```
3
4
5
```

用例输出：

```
area=6.00
```

用例输入：

```
22.3
3.5
5.4
```

用例输出：

```
Three sides are illegal, can't form a triangle.
```

　　代码解析：采用选择控制，对输入的三个边，不同的情况做出不同的处理，程序出现了分支，如果输入的三角形三边边长为合法数据时，程序才会求面积值，否则告诉用户数据有误，不能构成三角形。

　　【例 3.2】　用不同的选择结构方法实现：从键盘输入两个数 a 和 b，比较 a 和 b 的大小，保证降序输出。

方法 1：

```
a = input()
b = input()
if a<b:
    a,b=b,a
print a,b
```

用例输入：

```
3,4
```

用例输出：

```
4 3
```

代码解析：采用单分支选择结构，即如果 a＜b 则进行两数交换保证 a 大于 b。如果 a＞＝b，满足降序要求，则无需作处理。

方法 2：

```
a = input()
b = input()
if a<b:
    print b,a
else:
    print a,b
```

用例输入：

```
3,4
```

用例输出：

```
4 3
```

代码解析：采用双分支选择结构，即如果 a＜b，输出 ba，否则输出 ab。

【例 3.3】 用不同的选择结构方法实现：根据用户的身高和体重，计算用户的 BMI 值，并给出相应的健康建议。提示：BMI，即身体质量指数，是用体重（千克）除以身高（米）的平方得出的数字（BMI＝体重（kg）÷身高^2（m）），是目前国际上常用的衡量人体胖瘦程度以及是否健康的一个标准。先来看看成人的 BMI 数值：过轻：低于 18.5；正常：18.5-23.9；过重：24-27.9；肥胖：28-32；过于肥胖：32 以上。

方法 1：

```
#coding=GBK
height = input()
weight = input()
BMI = 1.0 * weight/height/height
print "BMI=%.1f"%BMI
```

```
if BMI <18.5: print "偏瘦"
elif 18.5 <= BMI <24: print "正常"
elif 24 <= BMI <28: print "偏胖"
elif 28 <= BMI <32: print "肥胖!"
else: print "过胖"
```

用例输入：

```
1.62
60
```

用例输出：

```
BMI=22.9
正常
```

代码解析：采用 if-elif-else 多分支选择结构，但是没有考虑 elif 和 else 的隐含意义，所写的条件表达式比较烦琐。

方法 2：

```
#coding=GBK
height = input()
weight = input()
BMI = 1.0 * weight/height/height
print "BMI=%.1f"%BMI
if BMI <18.5: print "偏瘦"
elif  BMI <24: print "正常"
elif  BMI <28: print "偏胖"
elif  BMI <32: print "肥胖"
else: print "过胖"
```

用例输入：

```
1.62
60
```

用例输出：

```
BMI=22.9
正常
```

代码解析：采用 if-elif-else 多分支选择结构，巧妙利用了 elif 和 else 的隐含意义，所写的条件表达式简洁，推荐用这个方法来写多分支结构。

【**例 3.4**】 用不同的分离百位、十位、个位的方法实现：从键盘输入三位的正整数，输出其中的最大的一位数字是多少。例如：输入 386，输出 8。解题思路：首先需要从输入的三位数中分离出百位、十位和个位分别是多少，然后从百位，十位和个位中找出最大的一个数字。

方法 1：

```
#coding=utf-8
num = input()
a = num//100 #取 num 的百位数字
b = num//10%10#取 num 的十位数字
c = num%10#取 num 的个位数字
print a,b,c
if a>b and a>c: m = a
if b>a and b>c: m = b
if c>a and c>b: m = c
print m
```

用例输入：

```
673
```

用例输出：

```
6 7 3
7
```

代码解析：采用了整除"//"和求余"%"运算符来分离整数的每一位。

方法 2：

```
#coding=utf-8
num = input()
a = str(num)[0] #取 num 的百位数字
b = str(num)[1]#取 num 的十位数字
c = str(num)[2]#取 num 的个位数字
print a,b,c
if a>b and a>c: m = a
if b>a and b>c: m = b
if c>a and c>b: m = c
print m
```

用例输入：

```
673
```

用例输出：

```
6 7 3
7
```

代码解析：分离一个三位整数，利用字符串的索引取元素，因此，在索引取元素之前需要用 str 函数将输入的数据从数值类型转换为字符串类型。

【例 3.5】 用不同的循环语句实现：求 1 至 100 中所有整数的和。

方法 1：

```
s=0
for i in range(1,101):
    s=s+i
print s
```

无用例输入

用例输出：

```
5050
```

代码解析：采用 for 循环的方法，利用了 range 函数作迭代器。

方法 2：

```
s=0
i=1
while i<=100:
    s=s+i
    i=i+1
print s
```

无用例输入

用例输出：

```
5050
```

代码解析：采用 while 循环的方法，指定 i<=100 作继续运行条件（或停止条件）。

【例 3.6】 用循环方法实现：求 1 至 100 中奇数和偶数的和分别是多少。

```
sum_odd=0
sum_even=0
for i in range(1,101):
    if i%2==1:
        sum_odd=sum_odd+i
    else:
        sum_even=sum_even+i
print "sum_odd=",sum_odd
print "sum_even=",sum_even
```

无用例输入

用例输出：

```
sum_odd= 2500
sum_even= 2550
```

代码解析：与例 3.5 的方法 1 代码相比，实际上就是在 for 循环里嵌套一个双分支 if 语句判断奇偶。

【例 3.7】 用不同的循环控制语句实现：求 1 至 10 中能被 3 整除的数，并输出。

方法 1：

```
for i in range(1, 10+1):
    if i % 3 == 0:
        break
    print i,
```

无用例输入

用例输出：

```
1 2
```

代码解析：采用 break 控制循环，当 i 是 3 的倍数的时候，执行 break 语句。break 语句的作用是立刻结束整个 for 循环，因此输出只有 1 和 2 两个数字。

方法 2：

例 3.13：

```
for i in range(1, 10+1):
    if i % 3 == 0:
        continue
    print i,
```

无用例输入

用例输出：

```
1 2 4 5 7 8 10
```

代码解析：采用 continue 控制循环，当 i 是 3 的倍数时，执行 continue 语句。continue 语句的作用是结束这一轮的循环，程序跳转到循环头部，根据头部要求继续，因此输出不是 3 的倍数的所有数字。

【例 3.8】 用不同的循环控制语句实现：输出 0 至 4 中的数。

方法 1：

```
for i in range(5):
    print i,
else:
    print "for over"
```

无用例输入

用例输出：

```
0  1  2  3  4   for over
```

代码解析：没有 break 循环控制，因此遍历结束而正常退出循环，将会执行 else 中的语句。

方法 2：

```
for i in range(5):
```

```
        if i >= 3: break
        print i,
else:
    print "for over"
```

无用例输入

用例输出：

```
0  1  2
```

代码解析：有 break 循环控制，因此满足 if 条件，执行 break 语句，提前退出循环，将会导致 else 中语句不被执行。思考：如果将 break 换成 continue，结果是什么？

【例 3.9】 判断一个正整数 $n(n \geqslant 2)$ 是否为素数。素数又称质数。一个大于 1 的自然数，除了 1 和它自身外，不能被其他整数整除的数叫作素数；否则称为合数。

```
n = input()
for i in range(2, n):
 if n % i == 0:
  print "no"
  break
else:
  print "yes"
```

用例输入：

```
3
```

用例输出：

```
yes
```

用例输入：

```
8
```

用例输出：

```
no
```

代码解析：采用嵌套的语法实现，巧用循环中的 else 用法，即素数是从来没有满足 if 条件，当循环执行到最后，是正常退出时，才执行 else 子句。

【例 3.10】 采用不同嵌套方法实现：斐波拉契数列 1,1,2,3,5,8,……的前 n 项输出。

方法 1：

```
n=input()
a,b=1,1
for i in range(1,n+1):
    if i>1:
        a,b=b,a+b
```

```
    print a,
```

用例输入：

```
6
```

用例输出：

```
1 1 2 3 5 8
```

代码解析：输出时,输出数的后面跟着一个逗号,可实现多个数以空格分隔。

方法 2：

```
n=input()
a,b=1,1
for i in range(1,n+1):
    if i>1:
        a,b=b,a+b
    print a,
    if i%4==0:
        print
```

用例输入：

```
6
```

用例输出：

```
1 1 2 3
5 8
```

代码解析：输出时,除了输出数的后面跟着一个逗号,实现多个数以空格分隔之外,还增加了一个 if 单分支选择结构,实现输出时每隔 4 个换 1 行。

【**例 3.11**】 采用不同嵌套方法实现：输出 300 以内的素数。

方法 1：

```
for n in range(2,300):
    for i in range(2, n):
        if n % i == 0:
            break
    else:
        print n,
```

无用例输入

用例输出：

```
2 3 5 7 11 13 17 19 23 29 31 37 41 43 47 53 59 61 67 71 73 79 83 89 97 101 103 107 109 113
127 131 137 139 149 151 157 163 167 173 179 181 191 193 197 199 211 223 227 229 233 239
241 251 257 263 269 271 277 281 283 293
```

代码解析：实现 300 以内素数的输出。

方法 2：

```
count=0
for n in range(2,300):
    for i in range(2, n):
        if n % i == 0:
            break
    else:
        count=count+1
print count
```

无用例输入

用例输出：

62

代码解析：实现统计 300 以内的素数个数。

【**例 3.12**】 采用穷举法实现：鸡兔同笼，这是中国古代著名的数学题之一。大约在 1500 年前，《孙子算经》中就记载了这个有趣的问题。书中是这样叙述的："今有雉兔同笼，上有三十五头，下有九十四足，问雉兔各几何？"这四句话的意思是：有若干只鸡和兔同在一个笼子里，从上面数，有 35 个头；从下面数，有 94 只脚。问笼中各有几只鸡和兔？

```
m,n=input()
for i in range(m+1):
    j=m-i
    if j>=0 and i*4+2*j==n:
        print j,i
        break
else:
    print "no result"
```

用例输入：

35,94

用例输出：

23 12

代码解析：穷举法思路是利用 for 循环穷举所有可能，用 if 进行条件验证，即 for 循环里嵌套 if 选择结构。

3.3 本章练习题

本章的练习题可以分为 3 次完成，第 1 次练习侧重选择结构语法掌握，第 2 次练习测重循环结构语法掌握，第 3 次练习侧重相对复杂的循环嵌套、循环选择嵌套等用法。

流程控制练习 1

【练习 3.1】 三角形面积计算。

题目描述：输入三角形三条边的边长，判断能否构成三角形，如果能构成三角形，则计算三角形的面积并输出（保留 2 位小数），否则输出"不能构成三角形"。

用例输入：

22.3,3.5,5.4

用例输出：

不能构成三角形

用例输入：

3.12,4.3,5.789

用例输出：

6.58

【练习 3.2】 两数降序排序。

题目描述：从键盘输入两个数，要求降序（按由大到小的顺序）排序输出。

用例输入：

3
5

用例输出：

5 3

【练习 3.3】 成绩通过判断。

题目描述：从键盘输入百分制成绩，如果大于或等于 60，则输出"Congratulation! Pass."，否则输出"Sorry! Fail."。

用例输入：

55

用例输出：

Sorry!Fail.

用例输入：

98

用例输出：

Congratulation!Pass.

【练习 3.4】 水的状态。

题目描述：从键盘上输入一个温度值，输出所对应的水的状态。假设约定，0 度和 100 度为液态。

用例输入：

37

用例输出：

liquid

用例输入：

-5

用例输出：

solid

用例输入：

123

用例输出：

gas

【练习 3.5】 奇偶判断。

题目描述：从键盘输入一个正整数，判断是否奇数还是偶数。

用例输入：

21

用例输出：

odd

用例输入：

56

用例输出：

even

【练习 3.6】 船够坐吗？

题目描述：班级春游，有 40 人要过河，租 m 条小船（每条小船限乘 4 人）和 n 条大船（每条大船限乘 6 人），m 和 n 从键盘输入，请输出够坐还是不够坐？

用例输入：

8
1

用例输出：

no

用例输入：

6
3

用例输出：

yes

【练习 3.7】 成绩合法校验。

题目描述：从键盘输入成绩，判断是否合法。[0-100]为合法，其余为非法。

用例输入：

88

用例输出：

valid

用例输入：

120

用例输出：

invalid

【练习 3.8】 PM 指数。

题目描述：根据输入的雾霾 PM 指数值，判断空气质量，若 PM＜100 为"较好"；100≤PM≤150 为"轻度"；150＜PM≤200 为"中度"，PM 大于 200 为"重度"。

用例输入：

80

用例输出：

较好

【练习 3.9】 BMI 判断。

题目描述：从键盘输入用户的身高和体重，如果 BMI 属于 18.5～23.9，输出 yes（正常），否则输出 no（异常）。

提示：BMI 即身体质量指数，是用体重（千克）除以身高（米）的平方得出的数字，即 BMI＝体重（kg）÷身高^2（m）。

用例输入：

1.65,60

用例输出：

yes

用例输入：

1.55,77.6

用例输出：

no

流程控制练习 2

【练习 3.10】 区间求和。

题目描述：计算区间 $[m,n)$ 内的自然数的和并输出。m、n 从键盘输入。

用例输入：

1
5

用例输出：

10

【练习 3.11】 多项式求和。

题目描述：计算多项式 $1 + 4 + 7 + 10 + 13 + 16 + \cdots\cdots$ 前 n 项和，n 从键盘输入。

用例输入：

5

用例输出：

35

【练习 3.12】 平均成绩。

题目描述：从键盘输入 10 个学生的成绩,要求计算平均成绩并输出(保留 1 位小数)。

用例输入：

21
42
13
54
75
96
77
98
29

```
100
```

用例输出：

```
60.5
```

【练习 3.13】 区间输出。

题目描述：将区间[m, n)内的数输出。m、n 从键盘输入。

提示：在区间求和题的基础上，将求和改为数的输出。

用例输入：

```
1
5
```

用例输出：

```
1 2 3 4
```

【练习 3.14】 区间偶数和。

题目描述：计算区间[m, n)内的自然数的偶数和并输出。m、n 从键盘输入。

提示：在区间求和题基础上，求和时加入偶数判断。

用例输入：

```
1
5
```

用例输出：

```
6
```

【练习 3.15】 计算偶数和。

题目描述：从键盘上输入 10 个数，输出其中偶数之和。

提示：在平均成绩题基础上，求和时加入偶数判断。

用例输入：

```
21
42
13
54
75
96
77
98
29
100
```

用例输出：

```
390
```

【练习 3.16】 区间偶数输出。

题目描述：将区间[m,n)内的偶数输出。m、n 从键盘输入。

提示：在区间输出题基础上，数的输出时加入偶数判断。

用例输入：

1
5

用例输出：

2 4

【练习 3.17】 多项式求和。

题目描述：计算多项式：$1/1 + 1/4 + 1/7 + 1/10 + 1/13 + 1/16 + \cdots\cdots$前 n 项和，n 从键盘输入。

提示：1/4、1/7、1/10、1/13……按整数除都是 0? 如何得到小数，1.0/分母或者干脆分母定义为实数类型。

用例输入：

5

用例输出：

1.5698

【练习 3.18】 多项式求和。

题目描述：计算多项式：$1/1-1/4+1/7-1/10+1/13-1/16+\cdots\cdots$前 n 项和，n 从键盘输入。

提示：可以设置一个标志 f＝1，在循环体内每次利用 f＝-f;实现正负符号切换。也可以不需要设标志 f，直接在循环体内，利用项数的奇偶特性，奇数项加，偶数项减。

用例输入：

5

用例输出：

0.8698

【练习 3.19】 斐波拉契数列第 n 项。

题目描述：斐波拉契数列：1,1,2,3,5,8,13,21,…，求这个数列的第 n 项并输出，n 从键盘上输入。

提示：该数列除了第 1、2 项是 1 之外，后面的项＝前两项之和。

用例输入：

4

用例输出：

3

【练习 3.20】 统计及格人数。

题目描述：从键盘输入 10 个学生的成绩,要求统计及格人数并输出。

提示：在平均成绩题基础上,将求和变成统计个数。

用例输入：

```
21
42
13
54
75
96
77
98
29
100
```

用例输出：

```
5
```

流程控制练习 3

【练习 3.21】 素数判断。

题目描述：从键盘上输入一个大于或等于 2 的正整数 m,判断它是否素数。m 从键盘输入。

用例输入：

```
3
```

用例输出：

```
yes
```

用例输入：

```
8
```

用例输出：

```
no
```

【练习 3.22】 又一个素数判断。

题目描述：输入一个整数,并判断是否是素数,如果是将输出它本身,否则输出其真因子的个数。

提示：真因子是指除它本身和 1 外没有其他约数。

用例输入：

```
3
```

用例输出:

3

用例输入:

65

用例输出:

2

【练习 3.23】 区间求和。

题目描述:输入一个整数 $m(m>0)$,求 50~100 所有能被 m 整除的数之和。

用例输入:

5

用例输出:

825

【练习 3.24】 鸡兔同笼。

题目描述:设在一只笼子里关着鸡和兔子共 m 只,笼子中的脚数有 n,求鸡和兔各有多少只? m 和 n 从键盘输入。

用例输入:

30
80

用例输出:

ji=20 tu=10

用例输入:

33
67

用例输出:

no result

【练习 3.25】 韩信点兵。

题目描述:相传韩信才智过人,从不直接点自己的军队的人数。只要让士兵先后以三人一排、五人一排、七人一排地变换队形,而他每次只掠一眼队伍的排尾,就知道总人数了。输入 3 个非负的整数 a,b,c,表示每种队形的排尾人数($a<3,b<5,c<7$),输出总人数的最小值(或者报告无解)。已知总人数不小于 10,不超过 100。

用例输入:

2,1,6

用例输出：

41

用例输入：

2,1,3

用例输出：

no result

【练习 3.26】 老鼠咬坏的账本。

题目描述：老鼠咬坏了账本，式中符号□是被老鼠咬掉的地方。要恢复等式 3□×6237＝□3×3564，应在 2 个□中分别填上一个数字，编程输出这 2 个数。

无用例输入：

用例输出：

6,6

【练习 3.27】 寻找做好事的人。

题目描述：某宿舍四位同学中的某位在平安夜做了件好事，没有留名，表扬信来了之后，班主任问这四位同学是谁做的好事。

A 说：不是我。

B 说：是 C。

C 说：是 D。

D 说：C 胡说。

现在已知三个人说的假话，一个人说的真话。请你根据这些信息编程找出做了好事的人。

无用例输入：

用例输出：

A

【练习 3.28】 BMI 均值和统计。

题目描述：从键盘输入 15 个用户的身高和体重，如果 BMI 为 18.5～23.9，属于正常。要求计算 BMI 均值并统计正常 BMI 值的人数并输出。

提示：BMI 即身体质量指数，是用体重（千克）除以身高（米）的平方得出的数字，即 BMI＝体重（kg）÷身高^2（m）。

用例输入：

1.75,56
1.55,48
1.78,68
1.9,82
1.62,60

```
1.6,55
1.5,45
1.7,58
1.94,70
1.2,45
1.35,46
1.15,33
1.28,38
1.49,45
1.67,50
```

用例输出：

```
3 BMI normal
```

【练习 3.29】 买票人数。

题目描述：一辆汽车共载客 m 人，其中一部分买 A 种票，每张 8 元，另一部分买 B 种票，每张 3 元，最后售票员统计说所卖的 A 种票比卖 B 种票多收入 n 元，输出买 A 种票的人数。若无法计算出结果，输出"no solution"。m 和 n 从键盘输入。

用例输入：

```
100,8
```

用例输出：

```
28
```

用例输入：

```
18,3
```

用例输出：

```
no solution
```

3.4 本章问题帖

1. 三角形的面积

问：这个程序错误在哪里啊？

```
#coding=uft-8
import math
a,b,c=input()
if (a+b>c) and (a+c>b) and (b+c>a) and (a>0) and (b>0) and (c>0):
  h=float(a+b+c)/2
```

```
    area=math.sqrt(h*(h-a)*(h-b)*(h-c))
    print "%.2f"%area
else:
    print "不能构成三角形"
```

答：#coding＝uft-8 错了，应该是 #coding＝utf-8，要注意细节。

2. 三角形的面积

问：这个程序哪里有错误？必须要用 import math 吗？

```
#coding=utf-8
a,b,c=input()
p=(a+b+c)*0.5
d=(p*(p-a)*(p-b)*(p-c))**0.5
if (a+b>c) and (a+c>b) and (b+c>a) and (a>0) and (b>0) and (c>0):
    print "%.2f"%d
else:
    print "不能构成三角形"
```

答：算平方根不一定必须用 math 库的 sqrt 函数，**运算也是可以的，上面代码错误在于计算 p 和 d 放在 if 之前，这样不满足三角形条件还会计算 p 和 d，这就出错了。

3. 三角形的面积

问：这个程序哪里有错误？

```
a,b,c=input()
p=(a+b+ c)/2
m=(p-a)*(p-b)*(p-c)
s=(p*m)**0.5
print "%.2f"%s
```

答：代码里的符号应该是英文标点符号，不能是中文标点符号，比如括号。

4. 判断奇偶

问：下面程序中，除以 2 之后小数位数如何表达？代码 1 和代码 2 两者有什么区别，为什么代码 1 不对？

代码 1：

```
a=input()
b=float(a)/2
if b=0:
    print "even"
else:
    print "odd"
```

代码 2：

```
a=input()
b=a%2
if b<=0:
  print "even"
else:
  print "odd"
```

答：整数才需要判断奇偶数。代码 1 中 b＝float(a)/2 应该是 b＝a％2，另外判断余数 b 是否为 0，应该两个＝＝，所以 if b＝0：错了，应该是 if b＝＝0：。代码 2 中余数 b 不可能是负数，所以 if b＜0：虽然不算错，但是建议最好改为 if b＝＝0：。

5. 水的状态

问：下面程序错在哪里？

```
a=input()
if a>100:
  print"gas"
if a<0:
  print"solid"
else:
  print"liquid"
```

答：水有三种状态。上面的代码，一个单分支 if，一个双分支 if-else，是并列顺序的，无法表示水的三种状态。建议用 if-elif-else 嵌套出水的 3 种状态。

6. 区间偶数和

问：下面程序为什么部分用例不能通过？

```
m=input()
n=input()
sum=0
for i in range(m,n+1):
  if i%2==0:
    sum+=i
print(sum)
```

答：for i in range(m,n+1)：错了，题目描述是［m,n）区间，即从 m 开始，到 n−1 为止，上面代码写的循环是到 n 为止，多循环一次，自然有些用例结果就不对了，应改为 for i in range(m,n)：。

7. 区间偶数和

问：下面程序有何错误？

```
m=input()
n=input()
s=0
for i in range(m,n):
  if s%2==0:
    s=s+i
print s
```

答：if s％2==0：错了,应该是 if i％2==0：。

8. 统计及格人数

问：下面程序的错误在哪里？

```
for i in range(1,11):
  a=input()
  if a>60:
    s=s+1
print s
```

答：s 需要在循环前面赋初值,即 s=0。

9. 素数判断

问：下面代码中,为什么 else 和 for 对齐,else 不和 if 对齐？

```
a=input()
for i in range(2,a):
  if a%i==0:
    print "no"
    break
else:
  print "yes"
```

答：因为这里的 else 是循环的 else 子句,表示是正常循环结束后执行的,即没有 break 提前结束循环,也就是不满足 if 条件,不存在 i 因子,这符合素数的定义。

10. 素数判断

问：这样写为什么不对？

```
a=input()
s=0
for i in range(2,a):
  if a%i==0:
    s=s+1
    print s
  else:
```

```
    print a
```

答：注意题目描述，输入一个整数，并判断是否是素数，如果是将输出它本身，否则输出其真因子的个数。真因子的个数统计，肯定循环结束之后才知道，不能在循环里输出，所以本题不适合用循环的 else 子句。此题思路应该是，s 统计真因子的个数，循环结束之后，用一个双分支的 if 语句判断，如果 s 值为 0，输出 a，否则输出 s。

11. 倒数

问：倒数怎么表示？

答：先写等差数列的通项然后写倒数，例如：先执行 a＝3＊i-2，然后执行 s＝s＋1.0/a，注意分子不变，只要关注分母的循环规律即可。

12. 多项式求和

问：为什么输出的结果小数点后全都是 0？

```
n=input()
s=0
for i in range(1,n+1):
    a=1/(3*i-2)
    s=s+a
    i=i+1
print "%.4f"% s
```

答：a=1/(3＊i-2)有错，应该是 a＝1.0/(3＊i－2)，这样保证 a 存的结果是带小数的，否则整数除结果除了 1/1，其他除都是 0。

13. 关于多个数输出

问：为什么输出多个数时，代码 1 的输出结果是带中括号，即[1，2，3，4]？

代码 1：

```
m=input()
n=input()
i=range (m,n)
print i
```

代码 2：

```
m=input()
n=input()
for i in range (m,n):
    print i
```

而代码 2 的输出结果以换行分隔，是：

```
1
```

```
2
3
4
```

答：代码 1 中 i＝range（m,n）这个是给 i 赋多个值,这里 i 是列表类型,print i 是输出列表,即带中括号形式。后面会学到的。如果不想换行,print 函数输出时,带一个逗号,即 print i,。

14. 鸡兔同笼

问：运行结果多了一个空格怎么删除?

```
m=input()
n=input()
y=(n-2*m)/2
x=m-y
if y>=0 and x>=0:
  print 'ji=',x,'tu',y
else:
  print "no result"
```

答：print 'ji＝',x,'tu',y 改为格式控制：print 'ji＝%d'%x,'tu＝%d'%y,上面代码解方程不赞成使用,推荐用穷举法。鸡、兔运行结果输出,方法 1：使用格式控制,即 print "ji＝%d"%j,"tu＝%d"%i;方法 2：使用字符串＋,即 s＝'ji='+str(j)+' tu='+str(i)。

15. 区间求和

问：下面程序中错误在哪里?

```
m=input()
s=0
for i range(50,101):
  if i%m==0:
    s=s+i
print s
```

答：for 里面有错,应该 for i in range(50,101):,漏了一个 in。

16. PM 指数

问：下面程序中哪里出错了?

```
#coding=utf-8
pm=input()
if pm<100:
  print "较好"
elif pm<=150:
  print "轻度"
```

```
elif pm<=200:
  print "中度"
else:
  print "重度"
```

答：上面代码符号是中文双撇，与前面英文双撇不一样，应该改为英文双撇。

17. 寻找做好事的人

问：在网上寻找到了三真一假的写法，附上原网址：
https://www.freesion.com/article/4804484598/，代码为：

```
x=1
for x in range (2,4):
  if((x!=1)+(x==3)+(x==4)+(x!=4)==3):
    print x
```

按照这个思路 if((x!=1)+(x==3)+(x==4)+(x!=4)==3):，这里的==3
是说明说真话的人有 3 个，但按照题目和思路将==3 改为了==1，应该能表示出来说
真话的人只有一个，但是运行后结果直接就没有输出任何数据。在此基础上应该如何修
改呢？还有就是 range 中(2,4)的原文是"用变量 x 存放人的编号，则 x 的取值范围从 1
取到 4"，可是这里表示的不应该是 2 和 3 吗？

答：如果用编号也可以，ABCD 分别对应编号 1234，即 range (1,5)，根据编号转换为
字符，则 char(编号+64)即可。注意 65 是 A 的 ascii 码值。

18. BMI 均值计算

问：为什么这样输出的均值一直不对？

```
s=0
for i in range(1,16):
  a,b=input()
  BMI=1.0*b/(a**2)
  ave=BMI/15
  if 18.5<=BMI<=23.9:
    s=s+1
print "ave=%.2f"%ave
print s,"BMI normal"
```

答：ave=BMI/15 不该放在循环里，因为不需要重复执行。应该是循环结束之后，才
计算 ave。

19. BMI 均值计算

问：下面程序的错误在哪里？

```
a,b=0,0
```

```
for i in range(1,16):
h,w=input()
BMI=w/h**2
b=b+BMI
if 18.5<=bmi<=23.9:
a=a+1
print "ave="+str("%.2f%(b/15.0))
print a,"BMI nomal"
```

答：" % .2f"%，少了个"，另外，因为 b 是 bmi 值，已经带小数，所以这里可以不用写 15.0。上面代码的格式控制写得太复杂了，修改为：print "ave=%.2f"%(b/15)。

20. 买票人数

问：下面程序的错误在哪里？

```
m,n=input()
#a*8-b*3=n
#3a+3b=3m
#11*a=3*m+n
a=(3*m+n)/11
if type(a)==int:
    print a
else:
    print "no solution"
```

答：解方程的方法，不适合这类问题，推荐用穷举法。比如输入 18,3,计算 a=(3*m+n)/11,实际上 m 和 n 是 int 类型，(3*m+n)/11 相当于 57/11,结果是 5,因为 57 和 11 是 int,所以结果肯定是 int,即使除不尽，也不会带小数的。

问：下面程序用穷举法编写，那个 break 无法终止掉那个循环？

```
m,n=input()
for i in range(1,m+1):
    if i*8-n==(m-i)*3:
        print i
        break
    else:
        print "no solution"
        break
```

答：首先代码的 else 子句缩进错了，这里 else 应该是 for 的子句，而非 if 的。其次，if-else 都执行 break,还怎么穷举啊？满足 if 条件找到解了，再 break。这里 else 不是 if 的子句，时循环的子句，表示没有 break,是正常结束循环，即没有满足 if 的情况，无解。

第 4 章 字符串

4.1 本 章 语 法

1. 字符串赋值

字符串是使用单引号或双引号括起来的内容,称为字符串类型数据(str)。Python 中没有单个字符,只有字符串,所以单个字符也是字符串。

字符串里包含有拉丁字母、数字、标点符号、特殊符号以及各种语言文字字符。

通过使用变量名称后跟等号和字符串,可以把字符串赋值给变量,格式为:

变量名=字符串

例如:s="You are students."。

Python 中三引号可以将复杂的字符串进行赋值,三引号允许一个字符串跨多行,可以包含换行符、制表符以及其他特殊字符。例如:

```
s='''Python
programming
language'''
```

2. 字符串输入和输出

在 Python 2 里,raw_input 函数将所有输入作为字符串看待,返回字符串类型,即 raw_input 函数会将所有输入的数据一律都转换为字符串,格式为:

变量名=raw_input()

在 Python 3 中 raw_input 和 input 函数进行了整合,去除了 raw_input 函数,仅保留了 input 函数,将所有输入默认为字符串处理,并返回字符串类型。而前面第 2 章里介绍,在 Python 2 里,input 函数默认接收到的是数值类型。注意:关于输入数值或字符串数据时,Python 2 和 Python 3 之间是存在不同版本差异的。

字符串的输出使用 print 函数,其中"print 字符串"是字符串的整体输出。字符串遍历输出的方法详细参见例 4.1 的方法 1 和方法 2。所谓遍历字符串,简单地说就是"从头到尾"的访问字符串的元素,可以用两种方式:

• 直接的元素遍历字符串:表达更为直观。

- 使用 range 函数遍历字符串：修改 range 函数的参数，可以灵活地访问列表的部分元素。

3. 字符串的索引与切片

字符串是序列的一种，切片就是选择字符串的子序列。

在 Python 中，每一个字符串里的字符都有自己特定的序号，以便需要时方便调用。通常，序号命名方法为：

- 正向递增序号法（即第一个字符的编号是 0，第二个字符编号是 1……）。
- 反向递减序号法（即最后一个字符的编号是 -1，倒数第二个字符编号是 -2……）。

以字符串'Hello Python'为例，其正向和反向序号如表 4.1 所示。

表 4.1　字符串的正向和反向序号

0	1	2	3	4	5	6	7	8	9	10	11
H	e	l	l	o		P	Y	t	h	o	n
-12	-11	-10	-9	-8	-7	-6	-5	-4	-3	-2	-1

索引使用"[ ]"通过序号来获取字符串中一个字符，格式为：

<字符串>[M]

以字符串'Hello Python'为例，索引用法举例：

- s[0]正向取，即 H。
- s[1]正向取，即 e。
- s[8]正向取，即 t。
- s[-2]反向取，即 o。

注意：索引越界会报错，所以序号无论正向取还是反向取，序号不要越界，详细用法参见例 4.3。

切片使用"[ ]"来获取字符串中多个字符，格式为：

<字符串>[(开始索引 b):(结束索引 e)(:(步长 s))]

小括号括起的部分代表可省略，这是一种区间访问方式，切片规则有 3 条：

(1) 开始索引是切片切下的位置，0 代表第一个元素，1 代表第二个元素，-1 代表最后一个元素。

(2) 结束索引是切片的终止索引（但不包括终止点）。

(3) 步长是切片每次获取当前元素后，移动的方向和偏移量。关于步长的用法：

- 没有步长，相当于取值完毕后右移动一个索引的位置（默认为 1）。
- 当步长为正整数时，为正向切片。
- 当步长为负整数时，取反向切片。反向切片时，默认起始位置为最后一个元素，终止位置是第一个元素的前一个位置。

以字符串'Hello Python'为例，切片用法举例：

- s[0:5:1]正向取,即 Hello。
- s[0:6:2]正向取,间隔一个字符取,即 Hlo。
- s[0:6:−1]反向取,但是头下标小于尾下标无法反向取,因此输出为空。
- s[4:0:−1]反向取,索引值为 0 的字符无法取到,即 olle。
- s[4::−1]反向取,从索引值为 4 的字符依次取到开头字符,即 olleH。
- s[0:5]正向取,即 Hello。
- s[6:−1]反向取,即 Pytho。
- s[:−5]反向取,即 Hello。
- s[6:]正向取,即 Python。
- s[::−1]反向取整串,即 nohtyP olleH,详细用法参见例 4.1 的方法 4。
- s[::−3]反向取,间隔两个字符取,即 nt l。
- s[:]正向取整个字符串,即 Hello Python。

4. 字符串操作

字符串操作除了前面介绍的索引和切片,还包括操作:

1) 内置的字符串运算符

常用的内置字符串运算符包括:

- ＋(字符串拼接,即连接字符串,得到新的字符串)。
- ＊(字符串复制,即将字符串重复若干次,生成新的字符串)。
- in(判断是否为子串,即判断字符串中是否包含某个字符串)。
- ＝＝(判断字符串内容是否相同)。

例如:设变量 a 值为字符串"Hello",b 变量值为"Python",则 a ＋ b 结果是'HelloPython',a ＊ 2 的结果是'HelloHello',"H" in a 的值是 True,a＝＝b 的值是 False。

2) 内置的字符串处理函数

常用的内置字符串处理函数包括:

- len(x)返回字符串 x 的长度。
- str(x)将任意类型 x 所转换为字符串类型。
- int(x)将数值形式的字符串转换为整数。
- float(x)将数值形式的字符串转换为浮点数。
- chr(x)返回 Unicode 编码为 x 的字符。
- ord(x)返回字符 x 的 Unicode 编码值。
- max()和 min()返回字符串中最大、最小字符。

例如:str(125)结果为"125",float("2.5")结果为 2.5,chr(65)结果是'A',ord('A')结果是 65,max("Hello")的结果是"o"。

3) 内置的字符串处理方法

Python 对字符串对象提供了大量的内置方法用于字符串的检测、替换等操作。常用的内置字符串处理方法包括:

- 字符串查找类方法:find()、index()、count()。

- 字符串分隔类方法：split 方法是根据分隔符将字符串拆分为子字符串列表,默认分隔符是空格,设 a = "Hello，Python!",则 print a.split(",")结果是输出 ['Hello', ' Python! ']。
- 字符串连接方法：join 方法用于将序列中的元素以指定的字符连接生成一个新的字符串,设 s = "-",ls =["a", "b", "c"],则 s.join(ls)的结果是 a-b-c。
- 大小写字符转换方法：lower()、upper()、title()。
- 字符串替换方法：replace 方法是将字符串中需要替换字符进行替换并且重新赋值给字符串,设 a = "Hello,Python!",则 print a.replace("Python","Kitty")结果是输出 Hello,Kitty!。
- 判断字符串类型方法：isupper()、islower()、isdigit()、isalpha()。

注意：字符串对象是不可变的,即无法直接修改字符串的某一位字符。因此字符串对象提供的涉字符串"修改"的方法都是返回修改之后的新字符串,并不对原字符串做任何修改。

注意：内置方法与内置函数不同,内置方法调用的语法格式为：字符串.方法名()。

4.2　本章示例

【例 4.1】　用不同的输入输出方法实现：输入字符串,然后输出整个字符串或者部分字符子串。

方法 1：

```
s=raw_input()
print s
for c in s:
    print c,
```

用例输入：

```
Hello Python
```

用例输出：

```
Hello Python
H e l l o   P y t h o n
```

代码解析：采用字符串 s 作为迭代器,直接进行元素遍历输出整个字符串,代码实现更为直观。

方法 2：

```
s=raw_input()
print s
for i in range(len(s)):
```

```
        print s[i],
```

用例输入：

```
Hello Python
```

用例输出：

```
Hello Python
H e l l o   P y t h o n
```

代码解析：采用 range 函数作为迭代器，以字符串 s 的长度作为 range 函数的取值范围，通过索引方式灵活访问字符串的全部或部分元素。思考：遍历输出时，每个字符都以空格间隔，如何去掉这个空格间隔？

方法 3：

```
s=raw_input()
print s[-1]
print s[len(s)]
```

用例输入：

```
Hello Python
```

用例输出：n，然后报错，如图 4.1 所示。

```
7≈ Python 2.7.6 Shell                                    —    □    ×
File  Edit  Shell  Debug  Options  Windows  Help
Python 2.7.6 (default, Nov 10 2013, 19:24:18) [MSC v.1500 32 bit (Intel)] on win ▲
32
Type "copyright", "credits" or "license()" for more information.
>>> ============================ RESTART ============================
>>>
Hello Python
n

Traceback (most recent call last):
  File "D:\t\t.py", line 3, in <module>
    print s[len(s)]
IndexError: string index out of range
```

图 4.1　索引越界报错界面

代码解析：语句 print s[−1]采用反向索引方式输出字符串的最后一个字符子串 n，而语句 print s[len(s)]采用正向索引方式输出最后一个字符子串，但是 len(s)取字符串 s 的长度，即 12，其值比正向索引号的最后一个序号 11(参见表 4.1)还大 1，发生索引号越界错误，改为：print s[len(s)−1]即可输出字符子串 n。

方法 4：

```
s=raw_input()
print s
print s[::-1]
```

用例输入：

```
Hello Python
```

用例输出：

```
Hello Python
ekiM olleH
```

代码解析：语句 print s 实现了字符串整体正向输出,语句 print s[:,-1]采用了字符串切片方法,实现了字符串整体反向输出。

【例 4.2】 采用不同方法实现图案：输入一个正整数 n,输出由 n 行 n 列方阵上的等腰三角形。

方法 1：

```
n=input()
for m in range(1,n+1):
    s=""
    for i in range(1,n-m+1):
        s=s+" "
    for i in range(1,2*m):
        s=s+"*"
    print s
```

用例输入：

```
6
```

用例输出：

```
          *
        * * *
      * * * * *
    * * * * * * *
  * * * * * * * * *
* * * * * * * * * * *
```

代码解析：采用了两重循环按行、列分析空格和星号的循环规律,实现起来比较复杂。

方法 2：

```
n=input()
for m in range(1,n+1):
    s=" "*(n-m)
    t="*"*(2*m-1)
    print s+t
```

用例输入：

```
6
```

用例输出：

```
          *
         * * *
        * * * * *
       * * * * * * *
      * * * * * * * * *
     * * * * * * * * * * *
```

代码解析：巧妙运用了字符串的运算，实现起来相对简单，推荐用这个方法。

方法 3：

```
m=input()
for n in range(1,m+1):
    s=" "*(m-n)
    for i in range(1,2*n):
        k=ord('a')-1+i
        s=s+chr(k)
    print s
```

用例输入：

6

用例输出：

```
          a
         abc
        abcde
       abcdefg
      abcdefghi
     abcdefghijk
```

代码解析：虽然每行的空格数输出利用了字符串运算，但是字母变化采用循环按列分析其循环规律，虽然用到字符串内置函数 ord 和 chr，但是实现起来仍然比较复杂。

方法 4：

```
n=input()
t="abcdefghijklmnopqrstuvwxyz"
for m in range(1,n+1):
    s=" "*(n-m)
    s=s+t[:2*m-1]
    print s
```

用例输入：

6

用例输出：

```
                  a
                abc
              abcde
            abcdefg
          abcdefghi
        abcdefghijk
```

代码解析：每行的空格数输出利用了字符串运算，字母变化采用字符串切片方法巧妙获得，实现起来比较简单，推荐用这个方法。

【例 4.3】 采用不同方法统计某类字符个数：输入字符串，统计字母个数或者元音字母个数。

方法 1：

```
s = raw_input()
m = 0
for c in s:
    if c.isalpha():
        m=m+1
print m
```

用例输入：

He is 10 years old

用例输出：

12

代码解析：采用 c.isalpha 方法判断字符串是否为全字母，实现字母个数统计。

方法 2：

```
s=raw_input()
x="aeiouAEIOU"
n=0
for i in s:
 if i in x:
  n=n+1
print n
```

用例输入：

Hello Python

用例输出：

4

代码解析：元音字母没有相关的字符串方法来判断，因此将所有的元音字母（aeiou 或 AEIOU）存放在 x 变量里，元音字母的判断条件利用了 in 运算，实现了元音字母的个数统计。

4.3　本章练习题

本章的练习题可以分为 2 次完成,第 1 次练习侧重字符串切片、操作等基础语法掌握,第 2 次练习字符串相对复杂些的应用。

字符串练习 1

【练习 4.1】　问候语。

题目描述:要求从键盘输入任意姓名 XXX,并根据所输出的姓名输出"Hi,XXX,How about you?"的问候语。

用例输入:

```
China
```

用例输出:

```
Hi,China,How about you?
```

【练习 4.2】　字符串输出。

题目描述:从键盘输入一个字符串,然后逐个输出字符串中的每个字符。

用例输入:

```
Hello
```

用例输出:

```
H e l l o
```

【练习 4.3】　字符串逆序输出。

题目描述:从键盘输入一个字符串,要求逆序输出该字符串。

用例输入:

```
Hello
```

用例输出:

```
olleH
```

【练习 4.4】　字母大小写转换。

题目描述:从键盘输入一个字符串,要求字符串中的大写字母转换为小写字母并输出,其他字符不变。

用例输入:

```
I love China!
```

用例输出：

i love china!

【练习 4.5】 字符串分割。

题目描述：从键盘上输入一个满足格式（形如"A1,234"）要求的字符串（其长度不超过 20），编程将其从分割符（,）位置分割成两个部分（如 A1 和 234 两个字符串），并在屏幕上分两行顺序显示分割后的结果（输入输出格式示例）。

用例输入：

A1,234

用例输出：

A1
234

【练习 4.6】 单词个数统计。

题目描述：键盘输入一个字符串，统计其中有多少个单词。

用例输入：

I am a boy!

用例输出：

4 words

【练习 4.7】 字母频度。

题目描述：从键盘输入一个字符串和某个字母，要求统计字符串中该字母的个数。英文字母区分大小写。

用例输入：

How do you do?
o

用例输出：

4

【练习 4.8】 判断几位数。

题目描述：从键盘输入一个正整数，求出它是几位数并输出。

用例输入：

123

用例输出：

3

【练习 4.9】 统计字符个数。

题目描述：从键盘输入一行字符串，分别统计出其中字母（不区分大小写）个数。

用例输入：

I love China!

用例输出：

10

【练习 4.10】 手机号加密。

题目描述：从键盘输入 11 位手机号，将手机号中的中间四位替换为四颗星之后输出。

用例输入：

13612345678

用例输出：

136****5678

【练习 4.11】 字符串规范化。

题目描述：假设键盘输入的英文名字不规范，没有按照首字母大写，后续字母小写的规则，请编程实现将该英文名规范化并输出。

用例输入：

adam

用例输出：

Adam

字符串练习 2

【练习 4.12】 统计子串个数。

题目描述：从键盘输入一个字符串和一个子串，统计该子串在字符串中的个数并输出。

用例输入：

我是一名 Python 用户，Python 给我的工作带来了很多便捷。
Python

用例输出：

2

【练习 4.13】 判断回文数。

题目描述：从键盘输入一个正整数，判断这个数是否是回文数。

提示：回文数是指这个整数和它的翻转数相同。

用例输入：

1221

用例输出：

yes

用例输入：

123

用例输出：

no

【练习 4.14】 翻转数。

题目描述：从键盘输入一个整数，要求计算该数的翻转数与 2 的积。

用例输入：

123

用例输出：

642

【练习 4.15】 逆序输出。

题目描述：从键盘输入若干个以空格间隔的单词，将所有单词倒过来排列并输出，保持单词内顺序不变。

用例输入：

hope is a good thing

用例输出：

thing good a is hope

【练习 4.16】 字符判断。

题目描述：从键盘输入一个单词，判断该单词是否包含元音字母（包括大小写）和数字，并输出 yes 和 no 的结论。

用例输入：

Hello

用例输出：

yes

用例输入：

Ph

用例输出：

no

【练习 4.17】 直角三角形。

题目描述：输入一个正整数 n，编程输出由 n 行 n 列方阵上由星号组成的直角三角形。

用例输入：

6

用例输出：

```
*
* *
* * *
* * * *
* * * * *
* * * * * *
```

【练习 4.18】 等腰三角形。

题目描述：输入一个正整数 n，编程输出由 n 行 n 列方阵上由星号组成的等腰三角形。

用例输入：

6

用例输出：

```
          *
        * * *
      * * * * *
    * * * * * * *
  * * * * * * * * *
* * * * * * * * * * *
```

【练习 4.19】 又一个等腰三角形。

题目描述：输入一个正整数 n，编程输出由 n 行 n 列方阵上由字母组成的等腰三角形。

用例输入：

6

用例输出：

```
     a
    abc
   abcde
  abcdefg
 abcdefghi
abcdefghijk
```

4.4　本章问题帖

1. 问候语

问：没有编程思路,怎么做?

答：用＋实现字符串拼接,代码为:

```
a=raw_input()
s="Hi,"+a+",how about you?"
print s
```

问：为什么必须拼接?

答：不是必须。方法 1 是用＋将字符串常量与变量按要求拼接起来,再输出,比较灵活。

方法 2 也可以用格式控制输出,即 s="Hi,%s,how about you?"%name,这里%s 表示以字符串形式输出,替代%s 的是后面的 name。

2. 字符串逆序输出

问：下面程序错在哪里?

```
m=raw_input()
print s[::-1]
```

答：变量名写错了,把 s 换成 m 就可以了。

3. 字符串分割

问：不会分割,怎么办?

答：不会用 split 函数没关系,用 replace 可以,即 t=s.replace(",","\n")。

4. 关于 split 方法

问：用 split 方法输出值的时候,能将[]删去吗?

答：split 方法返回值是列表,直接输出列表,自然无法将[]删除,但是可以用循环,依次取列表项内容(其实就是字符串),这样就不带[]。

5. 单词个数统计

问：下面代码有错吗? 为啥还要 split 一下?

```
a=raw_input()
s=a.len(a)
print s,"words"
```

答：a.len(a)这个语句是计算 a 字符串里字符的个数，不是单词的个数，注意单词是多个字符构成，通常是空格分隔。

6. 字母频度

问：下面程序错在哪里？

```
a=raw_input()
b=raw_input()
print a.count("b")
```

答：print a.count("b")这个语句是统计"b"字符串常量在 a 里的个数，不是存放在 b 变量里的字串的个数，注意变量名 b 与字符串常量"b"的区别。改为 print a.count(b)即可。

7. 关于 isalpha 方法

问：详细讲一下 isalpha 方法。
答：isalpha 方法是判断该字符串是否全字母（即不区分英文字母的大小写）。

8. 手机号加密

问：这个中括号的规则为什么是[3:7]而不是[4:8]？

```
a=raw_input()
print a.replace(a[4:8],"****")
```

答：注意字符串索引号从 0 开始，第 4 个字符就是对应索引号 3。

9. 字符判断

问：为什么使用以下均输出 yes 呢？该如何修改呢？

```
a=raw_input()
if "a"or"e"or"i"or"o"or"u"or"A"or"E"or"I"or"O"or"U"in a:
print "yes"
else:
print "no"
```

答：这个太麻烦了，没理解 in 的含义。字符串的用法，要灵活运用。通过遍历整个字符串 a，用 in 运算符来查找元音字符或数字字符是否存在，即 if ch in 'aeiou' or ch in '0123456789'。

10. 字符判断

问：下面程序有什么错误？

```
s=raw_input()
x='aeiouAEIOU123'
for i in range(1,7):
```

```
        y=str(s[i-1])
        if y in x:
            print "yes"
            break
        elif y!=x:
            print "no"
            break
```

答：首先数字字符串应该是'0123456789'，x 中的数字字符串不全，x 如果包括大小写元音字符和数字字符，也可以，这样 s 就不要都转换为小写了，那么 x 的赋值为：x＝'aeiouAEIOU0123456789'；其次是遍历字符串 s，对于 s 的每个字符 i，查找是否 x 里有，如果有 yes，否则 no。所以后面的代码思路混乱啊，自己调整一下。

11. 回文

问：下面程序为什么错了？

```
a=input()
c=str(a)
b=c[::-1]
if a==b:
  print "yes"
else:
  print "no"
```

答：if 条件写错了，if a＝＝b 应该是 if c＝＝b。其实，这题直接用字符串接收数据即可，没必要通过 str 进行转换，即 a＝raw_input()。

12. 字符串逆序输出

问：下面程序为什么不对？

```
a=raw_input()
a.split(" ")
print a[::-1]
输出的 gniht doog a si epoh
```

答：空格做分隔符切分，默认的，可以不写，其他做分隔符切分，就需要带参数了。

```
a=raw_input()
b=a.split(" ")
print b[::-1]
```

注意，a 切分为列表，需要将返回值存入 b，例如：输入 i love china，上述代码输出 ['china', 'love', 'i']。看看这是否是需要的结果？

问：如果想要的是 china love i，只能用 for 循环才行吗？

答：不是，可以用循环，但复杂，不推荐，建议用 join 方法，例如：result = ' '.join(s[::-1])。

第 5 章 列表与元组

5.1 本章语法

1. 列表赋值与输入输出

列表是将一组数据放在一对方括号（[]）中，以逗号分隔，即定义一个列表：

```
ls1 = ['physics', 'chemistry', 1997, 2000]
ls2 = [1, 2, 3, 4, 5]
ls3 = ["a", "b", "c", "d"]
```

列表中每个数据称为"元素"，数据的个数称为"长度"。不包含任何元素的列表称为空列表，即[ ]。列表的元素可以是相同类型，也可以是不同的类型。

列表的输入和输出最简单的方式是：

- 输入：采用**列表＝input**()，从键盘输入的是方括号（[]）括起来的列表，元素以逗号分隔，如图 5.1 所示。
- 输出：采用 **print 列表**，输出完整的列表，即方括号（[]）括起来的列表，元素以逗号＋空格作分隔，如图 5.1 所示。

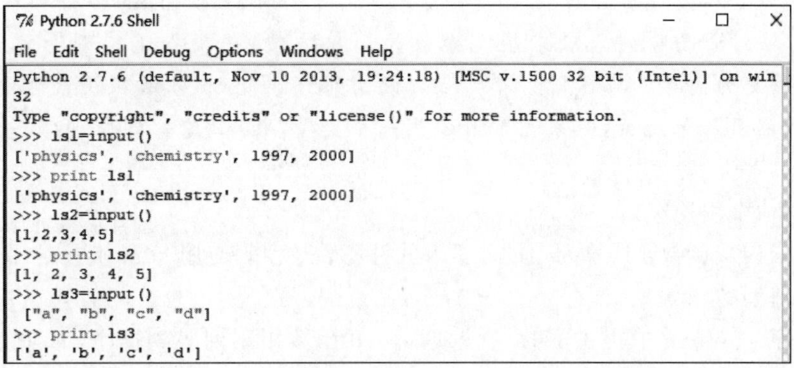

```
7% Python 2.7.6 Shell                                    —    □    ×
File  Edit  Shell  Debug  Options  Windows  Help
Python 2.7.6 (default, Nov 10 2013, 19:24:18) [MSC v.1500 32 bit (Intel)] on win
32
Type "copyright", "credits" or "license()" for more information.
>>> ls1=input()
['physics', 'chemistry', 1997, 2000]
>>> print ls1
['physics', 'chemistry', 1997, 2000]
>>> ls2=input()
[1,2,3,4,5]
>>> print ls2
[1, 2, 3, 4, 5]
>>> ls3=input()
 ["a", "b", "c", "d"]
>>> print ls3
['a', 'b', 'c', 'd']
```

图 5.1　列表的整体输入输出界面

列表输入和输出比较复杂的方式是：

- 输入：使用 raw_input 函数以字符串形式接受数据，然后利用 map 函数和字符串的 split 方法将其转换为数值型列表，此时输入时不带方括号，以逗号或空格进行分隔的多个数,详细用法参见例 5.1 的方法 2 和方法 3。

- 输出:列表的输出通过遍历方式,这与字符串遍历输出一样,可以用两种方式,详细用法参见例 5.1 的方法 4 和方法 5。

2. 列表操作

列表元素有序存放,列表的序号也分为正向序号和反向序号。列表元素可以按序号访问,列表的切片、内置的运算符(+、*、in、==)以及内置处理方法(例如 findindex 方法、count 方法等)与字符串操作一样,就不详细描述了。

这里介绍列表与字符串不同的操作。列表与字符串不同在于列表支持修改、添加和删除操作,即列表是可变的。

(1) 修改元素。

语法格式:

列表名 [索引] = 新值

注意:序号索引方向分为正向或反向。详细用法参见例 5.2。

(2) 添加元素:有 2 个方法。

- 尾部追加元素:append 方法,详细用法参见例 5.3。
- 指定位置插入元素:insert 方法。

(3) 删除元素:有 3 个方法。

- 按索引删除元素:del 命令。
- 按索引删除元素:pop 方法,pop 方法删除元素同时会返回该元素,缺省索引参数时,pop 默认删除最后一个元素。
- 按值删除元素:remove 方法,列表中包含多个待删除元素时,remove 删除索引值相对较小的那个。

注意:命令和方法的区别;已知待删除元素的索引时,可使用 del 命令和 pop 方法;

pop 方法对于删除列表最末尾元素最为简单方便;明确知道待删除元素值时,用 remove 方法更为简单。与 del 命令和 remove 方法不同,pop 方法在删除元素的同时会"弹出"这个被删除的元素,如果需要可以用一个变量"接住"它,以便进行进一步的后期操作。

(4) 其他常用操作:

- sum 内置函数:计算列表的元素和。注意:对列表使用 sum 函数时,列表必须是数值型的。
- 排序:python 中提供 sort 方法或 sorted 函数用于列表的排序,二者使用方法和所带参数(即 key 和 reverse)含义一致,但是 sort 方法排序会改变原来的列表,而 sorted 函数排序是生成新的有序列表,不改变原来的列表。详细用法参考例 5.4 的 4 种方法。

注意方法与函数的使用区别:方法是 a.b 的形式,a 是对象名,b 是方法名;而函数直接使用函数名。

- 复制：即生成"一模一样"的列表。使用 copy 方法深复制，两个列表有独立空间；通过列表之间的赋值操作是浅复制，两个列表共享空间。注意：copy 方法和赋值操作都能得到"一样"的列表，但是两者的实现机制有本质区别。
- 列表的删除：del 后直接跟列表名，则将彻底删除该列表对象。
- 列表的清空：del 列表名[：]，经过删除"所有元素"的 del 操作后，列表中不包含任何元素，但是仍保留其列表的本质。

3. 元组

元组与列表类似，也是用来存放一组相关的数据。两者的不同之处主要有两点：
- 元组使用圆括号()，列表使用方括号[]。
- 元组是不可变的序列，不能修改、删除和插入元素；而列表则是可变序列。

不带"[]"的输入转换为元组，即多个数输入以逗号隔开，默认为元组，如图 5.2 所示。

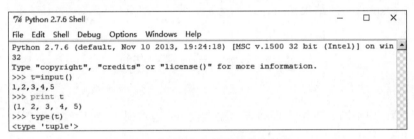

图 5.2　元组的整体输入输出界面

元组输入输出用法与列表类似，区别在于元组是用"()"括起来的多个元素，但是圆括号不是必须的，只要将各元素用逗号隔开，Python 就会将其视为元组。

元组的元素不能修改。可以将元组理解为不能修改的"列表"，因此列表中不涉及元素修改的操作都适用于元组。

使用元组的好处：
- 元组比列表操作速度快。如果定义了一个值的常量集，并且唯一的操作是不断地遍历它，那么使用元组代替列表。
- 如果对不需要修改的数据进行"写保护"，可以使代码更安全，此时使用元组而不是列表，就如同拥有一个隐含的 assert 语句，说明这一数据是常量。如果必须要改变这些值，则需要执行元组到列表的转换。

4. 序列转换函数

本章介绍的列表、元组和前面学习的字符串都属于 Python 的一种基本数据类型——序列(sequence)。序列的最大特点是元素的有序性，所以序列都是通过序号来访问元素的。

序列是 Python 中最基本的数据结构。序列中的每个元素都分配一个数字表示它的位置或索引：第一个索引是 0，第二个索引是 1，依此类推。Python 已经内置确定序列的长度以及确定最大和最小的元素的函数。Python 有 6 个序列的内置类型，最常见的是列表和元组。

序列之间可以通过转换函数进行互相转换：

(1) 元组通过 list 函数转换为列表,例如：list((1,2,3))结果是[1, 2, 3]。

(2) 列表通过 tuple 函数转换为元组。

(3) 字符串转换为列表有 3 种方法：

- 使用 list 函数：list 函数转换后字符串中的单个字符依次成为列表元素,例如 list("123")的结果是['1', '2', '3']。

- 使用字符串的 split 方法,利用 split 方法分割字符串生成字符串列表,语法格式为：字符串.split(str="", num=string.count(str)),参数 str 是分隔符,默认为所有的空字符,包括空格、换行(\n)、制表符(\t)等;参数 num 是分割次数,默认为-1,即分隔所有。设 s="1 2 3",则 s.split()的结果是['1', '2', '3']。

- 内置函数 map 与字符串的 split 方法配合使用,生成数值列表,例如：map(int, '1 2 3 4'.split())的结果是[1, 2, 3, 4]。

5.2 本 章 示 例

【例 5.1】 用不同的方法实现列表的输入输出：输入列表,然后输出列表。

方法 1：

```
ls1=input()
print ls1
```

用例输入：

```
[1,2,3,4,5]
```

用例输出：

```
[1, 2, 3, 4, 5]
```

代码解析：采用了最简单的列表输入输出方式。

方法 2：

```
ls2=map(int,raw_input().split())
```

用例输入：

```
1 2 3 4 5
```

用例输出：

```
[1, 2, 3, 4, 5]
```

代码解析：先使用 raw_input 函数以字符串形式接受数据,然后利用 map 函数和字符串的 split 方法将其转换为整数类型的数值列表。语句 map(int,raw_input().split())

输入多个数,空格分隔。

方法 3:

ls3=map(int,raw-input().split(','))
```
print ls3
```

用例输入:

1,2,3,4,5

用例输出:

[1, 2, 3, 4, 5]

代码解析:先使用 raw_input 函数以字符串形式接受数据,然后利用 map 函数和字符串的 split 方法将其转换为整数类型的数值列表。语句 map(int,raw_input().split(','))输入多个数,逗号分隔。

方法 4:

```
ls=input()
print ls
```
for c in ls:
```
    print c,
```

用例输入:

[1,2,3,4,5]

用例输出:

[1, 2, 3, 4, 5]
1 2 3 4 5

代码解析:采用列表 ls 作为迭代器进行遍历输出,比较简单。

方法 5:

```
ls=input()
print ls
```
for i in range(len(ls)):
```
    print ls[i],
```

用例输入:

[1,2,3,4,5]

用例输出:

[1, 2, 3, 4, 5]
1 2 3 4 5

代码解析:采用 range 函数作为迭代器,以列表 ls 长度作为 range 函数的取值范围,取索引对应的元素进行遍历输出,虽然实现相对复杂,但是可以灵活地控制列表项全部或部分输出。

【例 5.2】 用修改列表元素的方法实现:输入年和月,计算某年某月天数并输出。

思路是 ls 列表中存放一年 12 个月对应的天数,默认 2 月是 28 天,如果闰年,要修改 2 月为 29 天。

```
ls=[31,28,31,30,31,30,31,31,30,31,30,31]
year,month=input()
if ((year % 4 == 0) and (year % 100 != 0)) or (year % 400 == 0):
    ls[1]=29
print ls[month-1]
```

用例输入:

```
2000,2
```

用例输出:

```
29
```

代码解析:通过列表索引方法实现,注意:修改 2 月天数时,ls[1]这条语句的"差 1"处理。

【例 5.3】 用列表的 append 方法实现斐波那契数列构建前 n 项并输出前 n 项。

```
n=input()
ls=[1,1]
for i in range(2,n+1):
    m=ls[i-1]+ls[i-2]
    ls.append(m)
print ls
```

用例输入:

```
5
```

用例输出:

```
[1, 1, 2, 3, 5, 8]
```

代码解析:列表的 append 方法用于在列表末尾添加新的对象。

【例 5.4】 用不同的排序方式实现对列表进行排序。

方法 1:

```
ls=input()
ls.sort()
print ls
```

用例输入:

```
[3,5,-4,-1,0,-2,-6]
```

用例输出：

```
[-6, -4, -2, -1, 0, 3, 5]
```

代码解析：从运行结果看，使用列表的 sort 方法排序 ls，ls 被修改，默认是升序排序。

方法 2：

```
ls=input()
print sorted(ls)
print ls
```

用例输入：

```
[3,5,-4,-1,0,-2,-6]
```

用例输出：

```
[-6, -4, -2, -1, 0, 3, 5]
[3, 5, -4, -1, 0, -2, -6]
```

代码解析：从运行结果看，使用内置函数 sorted，不修改列表 ls，只是对 ls 进行排序，返回一个排好序的新列表，因为运行结果的第二行输出的 ls 还是原来的值。

方法 3：

```
ls=input()
ls.sort(reverse=True)
print ls
```

用例输入：

```
[3,5,-4,-1,0,-2,-6]
```

用例输出：

```
[5, 3, 0, -1, -2, -4, -6]
```

代码解析：从运行结果看，使用列表的 sort 方法排序 ls，ls 被修改。默认是升序排序，这里参数 reverse＝True 表示降序排序。

方法 4：

```
ls=input()
ls.sort(key=abs)
print ls
```

用例输入：

```
[3,5,-4,-1,0,-2,-6]
```

用例输出：

```
[0, -1, -2, 3, -4, 5, -6]
```

代码解析：这里参数 key＝abs 表示按照列表中元素的绝对值大小升序排列，abs 是内置绝对值函数。该语句等价 ls.sort(key＝lambda x：abs(x))，匿名函数用法将在第 6 章介绍。

5.3 本章练习题

本章的练习题可以分为 2 次完成，第 1 次练习侧重基础语法掌握，第 2 次练习侧重复杂些的应用。

列表与元组练习 1

【练习 5.1】 月的英文。

题目描述：从键盘上输入一个数字，输入对应月的英文单词("January"，"February"，"March"，"April"，"May"，"June"，"July"，"August"，"September"，"October"，"November"，"December")，当数字不在 1～12 时，输出"Input error"。

用例输入：

```
1
```

用例输出：

```
January
```

用例输入：

```
13
```

用例输出：

```
Input error
```

【练习 5.2】 输出大于均值的数。

题目描述：从键盘上输入 10 个数，计算均值，然后输出均值以及其中大于均值的数。

提示：循环＋变量的方法虽然可以计算均值，但是要输出大于均值的数，必须要将输入的多个数都保存下来，以便与均值进行比较。因此，本题使用循环＋变量的方法无法实现输出大于均值的数。怎么办？如何将输入的多个数都保存下来？需要列表。

用例输入：

```
[21,42,13,54,75,96,77,98,29,100]
```

用例输出：

```
ave=60.5
```

```
75 96 77 98 100
```

【练习 5.3】 山洞取宝。

题目描述：设一个山洞中有 10 个箱子，每个箱子中放着一块重量不等的宝石。进入山洞后，最多只能拿一块宝石，如何实现？

用例输入：

```
[21,42,13,54,75,96,77,98,29,10]
```

用例输出：

```
max=98
```

【练习 5.4】 某年某月有几天。

题目描述：从键盘输入某年某月，然后计算并输出该年该月有几天。

提示：方法 1。闰年条件是四年一闰，百年不闰，四百年再闰，即 if ((year ％ 4 ＝＝ 0) and (year ％ 100 !＝ 0)) or (year ％ 400 ＝＝ 0)：

方法 2。import calendar 然后 if calendar.isleap(year)：或者 calendar.monthrange 函数。

用例输入：

```
2020,3
```

用例输出：

```
31
```

【练习 5.5】 查找某个数。

题目描述：从键盘输入 8 个数，查找是否存在 13。如果找到 13，输出 yes，否则输出 no。

用例输入：

```
[21,42,13,54,75,96,77,98]
```

用例输出：

```
yes
```

用例输入：

```
[82,74,53,94,75,86,77,98]
```

用例输出：

```
no
```

【练习 5.6】 查找某个数出现的次数。

题目描述：从键盘输入若干个数，查找 13 出现几次，并输出次数，若无，则输出 no。

用例输入：

13,5,9,11,13,15,19

用例输出：

2

用例输入：

1,2,3,4

用例输出：

no

【练习 5.7】 删除数。

题目描述：已知列表[61,4,26,8,22,35,7,89,45,1]。从键盘输入整数 n，若 n 在列表中，则删除 n，并输出删除后的列表；若不存在 n 则输出 no。

用例输入：

4

用例输出：

[61, 26, 8, 22, 35, 7, 89, 45, 1]

用例输入：

13

用例输出：

no

【练习 5.8】 升序排序。

题目描述：从键盘输入若干个整数，然后将这些数进行升序排序，并输出排序后的数。

用例输入：

[1,0,4,8,12,65,-76,100,-45,123]

用例输出：

[-76, -45, 0, 1, 4, 8, 12, 65, 100, 123]

【练习 5.9】 插入数。

题目描述：已知一个排好序的列表[1,2,3,6,8,9,12,23,33]，从键盘上输入一个数 n，若列表中已经存在 n，则输出 no，否则将 n 插入到列表中。要求插入 n 后的列表依然有序，输出新列表。

用例输入：

15

用例输出：

[1, 2, 3, 6, 8, 9, 12, 15, 23, 33]

用例输入：

3

用例输出：

no

【练习 5.10】 评分计算。

题目描述：从键盘输入若干个评委的打分成绩,去掉一个最高分和一个最低分,计算其余成绩的平均分。

用例输入：

[6,8,9,10,7,9,8,5]

用例输出：

7.83

列表与元组练习 2

【练习 5.11】 输出最小的 m 个数。

题目描述：输入 10 个整数,输出其中最小的 m 个数($m>0$),m 从键盘上输入。

用例输入：

[1,3,5,6,2,4,6,7,3,8]
4

用例输出：

[1, 2, 3, 3]

【练习 5.12】 降序排序。

题目描述：从键盘输入若干个整数,然后将这些数进行降序排序,输出排序后的数。

用例输入：

1,9,2,8,3,4

用例输出：

9 8 4 3 2 1

【练习 5.13】 统计及格人数。

题目描述：从键盘输入若干个整数,要求统计及格人数并输出。

用例输入：

21,42,13,54,75,96,77,98,29,100

用例输出：

```
5
```

【练习 5.14】 BMI 均值。

题目描述：从键盘输入若干个用户的身高和体重，要求计算 BMI 均值并输出。

提示：BMI 即身体质量指数，是用体重（kg）除以身高（m）的平方得出的数字，即 $BMI = 体重(kg) \div 身高^2(m)$

注意：本题有预设代码，即提交代码时，只需要提交自己编写的部分，不要全部提交。

前置的预设代码：

```
a=input()
b=input()
```

用例输入：

```
[1.75,1.55,1.78,1.9,1.62,1.6,1.5,1.7,1.94,1.2,1.35,1.15,1.28,1.49,1.67]
[56,48,68,82,60,55,45,58,70,45,46,33,38,45,50]
```

用例输出：

```
ave=21.89
```

【练习 5.15】 BMI 统计。

题目描述：从键盘输入若干个用户的身高和体重，如果 BMI 在 $18.5 \sim 23.9$，则属于正常。要求统计正常 BMI 值的人数并输出。

提示：BMI 即身体质量指数，是用体重（kg）除以身高（m）的平方得出的数字，即 $BMI = 体重(kg) \div 身高^2(m)$

注意：本题有预设代码，即提交代码时，只需要提交你编写的部分，不要全部提交。

前置的预设代码：

```
a=input()
b=input()
```

用例输入：

```
[1.75,1.55,1.78,1.9,1.62]
[56,48,68,82,60]
```

用例输出：

```
4 BMI normal
```

【练习 5.16】 多个数的输入输出。

题目描述：从键盘输入多个数，并输出所输入的数以及这多个数的和。

用例输入：

```
1 2 3 4 5
```

用例输出：

```
1 2 3 4 5
15
```

【练习 5.17】 山洞取宝。

题目描述：设一个山洞中有若干个箱子，每个箱子中放着一块重量不等的宝石。进入山洞后，最多只能拿一块宝石。问题：如何实现收获最大化？输出最大值以及最大值位置（正向索引号＋1）。

用例输入：

```
[21,42,13,54,75,96,77,98,29,10]
```

用例输出：

```
The 8th number is max=98
```

【练习 5.18】 移位。

题目描述：从键盘输入若干数，将数据后移 m 位，移出的 m 个数则按照原来的顺序放到前 m 位中。

用例输入：

```
45,67,98,34,23,12,55
3
```

用例输出：

```
23 12 55 45 67 98 34
```

【练习 5.19】 列表项的交换。

题目描述：从键盘上输入多个数存入列表，交换第一个位置和最后一个位置上的数，输出交换后的列表。

用例输入：

```
[4,2,3,1,5,6,7,10,8,9]
```

用例输出：

```
[9, 2, 3, 1, 5, 6, 7, 10, 8, 4]
```

【练习 5.20】 最长单词。

题目描述：从键盘上输入一个字符串，输出其中最长单词的长度 m，约定空格为分隔符。

用例输入：

```
He will visit America next week
```

用例输出：

```
America
```

5.4　本章问题帖

1. 关于 max()

问：print "max＝"＋max 为什么错了？

```
ls=input()
print "max="+max(ls)
```

答：max 是有返回值的，但是是数值类型，而语句 print "max＝"＋max(ls)输出涉及字符串＋运算，必须用 str 转换为字符串才可以，即 print "max＝"＋str(max(ls))。

2. 删除数

问：想用 range 做可以吗？做不下去了。

```
n=input()
for i in range(61,4,26,8,22,35,7,89,45,1):
 if n/i!=1:
  print no
 if n/i==1:
  remove(i)
```

答：既然题目要求用列表，最好用列表来实现，可以先判断是否可以删除，然后调用列表的删除方法。

3. 关于 sort 和 sorted 排序

问：带负数的列表排出来的顺序不对，但是排不带负数的就没问题。为什么？

```
n=raw_input()
c=n.split(',')
c.sort(reverse=True)
a=tuple(c)
b=str(a)
e=b.replace("(","")
f=e.replace(")","")
g=f.replace("'","")
h=g.replace(",","")
print h
```

答：一般来说，列表和元组是有顺序的，通过索引号体现出来。

```
n=raw_input()
c=n.split(',')
```

```
c.sort(reverse=True)
print c
```

输入：

```
1,0,4,8,12,65,-76,100,-45,123
```

输出：

```
1,0,4,8,12,65,-76,100,-45,123
['8', '65', '4', '123', '12', '100', '1', '0', '-76', '-45']
```

从输出结果看，上述代码是对数字字符串的排序，不是多个数值排序。建议还是用 input 函数接受多个数值型数据，从多个数输入的形式看，不带方括号，n 其实就是元组，而元组不能修改，因此对 n 排序只能用 sorted 函数，返回值是一个新列表，该新列表就是排好序的列表了。

输入：

```
1,0,4,8,12,65,-76,100,-45,123
```

输出：

```
[123, 100, 65, 12, 8, 4, 1, 0, -45, -76]
```

从运行结果看，满足按数值的降序排列输出。

4. 插入数

问：为什么用 sorted 时，加进去的元素无法参与排序，但用 sort 就可以参与排序？

```
n=input()
a=[1,2,3,6,8,9,12,23,33]
if n in a:
  print"no"
else:
  a.append( n)
sorted(a)
print a
```

答：列表 a 的 sort 方法，可以排序列表 a，即 a 列表被修改。而 sorted 函数，返回一个排序的新列表 b，原来的列表 a 不变。修改为：

```
b=sorted(a)
print b
```

或者

```
a.sort()
print a
```

5. 评分计算

问：下面程序为什么错了？

```
ls=input()
ls.sort()
del ls[-1]
ls.sort(reverse=True)
del ls[-1]
ave=sum(ls)/len(ls) * 1.0
print "%.2f"%ave
```

答：ave＝sum(ls)/len(ls) * 1.0 错了，应该是 ave＝1.0 * sum(ls)/len(ls)。

如果 1.0 放在最后，求均值就是整数除，因为和与个数都是整数，结果不能带小数，再乘以 1.0 也不可能补上小数了。如果 1.0 放前面，先算 1.0 * 和，这样和就变成浮点数，再跟整数个数相除，就是浮点数除，结果就带小数了。

6. 输出大于均值的数

问：下面程序为什么不对？

```
a=input()
b=input()
c=input()
d=input()
e=input()
f=input()
g=input()
h=input()
i=input()
j=input()
k=(a+b+c+d+e+f+g+h+i+j)/10.0
l=[a,b,c,d,e,f,g,h,i,j]
print "ave=",k
for k in l
    if k<l:
        print k
```

答：注意题目用例输入是要求整体输入一个列表（逗号分隔，用[]括起来），上面写的程序是输入多个数，换行分隔。另外，题目用例输出多个数是空格分隔，上面写的是换行分隔。不符合用例输入和输出要求。

7. 查找某个数出现的次数

问：下面程序错在哪里？

```
ls=input()
if 13 in ls:
  print(list.count(13))
else:
  print"no"
```

答：这题用 in 不合适，建议用 count 方法，即 m＝ls.count(13)，然后判断 m 的值，大于 0，就输出 m，否则输出"no"。

8. 某年某月有几天

问：程序这样编写错在哪里？

```
year,month=input()
if month==1 or 3 or 5 or 7 or 8 or 10 or 12:
 print "31"
elif month==4 or 6 or 9 or 11:
 print "30"
elif month==2 and year % 4 == 0 and year % 100 != 0 or year % 400 == 0:
 print "29"
else:
```

答：if month＝＝1 or 3 or 5 or 7 or 8 or 10 or 12：这些条件表达式就是错的，因为非 0 相当于真，后面根本没有判月份，修改为：if month＝＝1 or month＝＝3 or month＝＝5 or month＝＝7 or month＝＝8 or month＝＝10 or month＝＝12：

其他的，类似修改。上面程序方法太烦琐了，可以采用方法 1：首先将天数保存到列表 ls 中，然后通过闰年条件判断 if ((year % 4 == 0) and (year % 100 != 0)) or (year % 400 == 0)，或者导入 import calendar，使用 calendar 的 isleap 方法判断闰年，如果是闰年，2 月修改为 29 天。某月天数，就转换为列表对应索引的元素，注意索引号与月份相比是差 1。方法 2：导入 import calendar，使用 calendar.monthrange(year, month)方法直接计算某年某月的天数，相比方法 1，方法 2 更加简洁。

9. BMI 均值计算

问：这样编写程序有什么不对吗？

```
s=0
for i in range:
  BMI=b[i] * 1.0/a[i] * * 2
  s=s+BMI
c=s/15
print 'ave=%f.2'%c
```

答：格式控制有错，print 'ave＝%f.2'%c 应该是 print 'ave＝%.2f'%c。

10. BMI 均值计算

问：下列程序哪里有错？

```
c,d=0,0
for i in a:
  bmi=b[c]/i**2
  d,c=d+bmi,c+1
print "ave="+str(d/len(a))
```

答：print "ave="＋str(d/len(a))错了，此题需要两位小数输出，改为 print "ave=%.2f"％(d/len(a))。

11. 降序排序

问：输入若干数，为什么不用 a＝raw_input()代表输入呢？能用这种字符串和列表的方法做吗？

```
a=raw_input()
a.split()
a.sort(reverse=Ture)
print int(a)
```

答：用 raw_input 也可以，但是注意 split 得到的是字符串型列表，排序按字符串排序，而非按数值排序。代码为：

```
a=raw_input()              #以字符串接收
b=a.split(',')             #以逗号分隔
c=map(int,b)               #将列表 b 转换为数值型列表 c
c.sort(reverse=True)       #对 c 按数值排序
```

注意 map 的用法，可参见链接 https://www.runoob.com/python/python-func-map.html，只是链接中给出的代码思路太麻烦了，不如直接用元组接收数据来得好，代码为：

```
b=input()                  #以元组接收
a=sorted(b,reverse=True)   #由于元组不能被修改，所以用 sorted 函数排序。
```

12. 多个数的输入输出

问：把 a 变成列表 b 后，为什么不能直接用 sum 函数求和，而是还要使用 int 函数呢？

```
a=raw_input()
print a
b=a.split()
print sum(b)
```

答：上述代码中 b 列表的项都是数字字符串，怎么求和？必须将数字字符串转换为数值，即 c＝map(int,b) ♯将列表 b 转换为数值型列表 c，这样就可对 c 数值列表进行求和了。

第 **6** 章 函数与文件

6.1 本章语法

Python 提供了许多内置函数,如 input、print。本章涉及自己创建函数,即用户自定义函数的用法。使用函数可以提高代码的重复利用率,通过函数可以将复杂的问题分解为若干子问题。

1. 函数定义

定义一个函数,给了函数一个名称,指定了函数里包含的参数和代码块结构,格式为:

def 函数名([参数列表]):
  函数体

注意:

- 函数代码块以 def 关键词开头,后接函数标识符名称和圆括号。
- 任何传入参数和自变量必须放在圆括号中间。圆括号之间可以用于定义参数。
- 函数的第一行语句可以选择性地使用文档字符串——用于存放函数说明。
- 函数内容以冒号起始,并且缩进。
- return [表达式] 结束函数,选择性地返回一个值给调用方。不带表达式的 return 相当于返回 None。

2. 函数调用

定义函数之后,可以通过函数调用执行。格式为:

函数名([实参列表])

函数调用需要执行几个步骤:

- 调用程序在调用处暂停执行。
- 在调用时将实参复制给函数的形参。
- 执行函数体语句。
- 函数调用结束给出返回值,程序回到调用前的暂停处继续执行。

函数调用时,默认情况下,参数值和参数名称是按函数声明中定义的顺序匹配起来的,即实参默认按照位置顺序传递参数,按照位置传递的参数称为位置参数。

在 Python 中,函数调用时还可以通过名称(关键字)指定传入的参数,按照名称指定传入的参数称为名称参数,也称为关键字参数。由于调用函数时指定了参数名称,所以参数之间的顺序可以任意调整。使用关键字参数具有几个优点:

- 参数按名称意义明确。
- 传递的参数与顺序无关。
- 如果有多个可选参数,则可以选择指定某个参数值。

3. 函数参数

在 Python 中,变量是没有类型的。在声明函数时,如果希望函数的一些参数是可选的,可以在声明函数时为这些参数指定默认值。调用该函数时,如果没有传入对应的实参值,则函数使用声明时指定的默认参数值。默认值参数必须写在形参列表的右边。

Python 函数的参数传递分为:

- 不可变类型。类似值传递,如整数、字符串、元组。例如,fun(a)传递的只是 a 的值,没有影响 a 对象本身,在 fun(a)内部修改 a 的值,只是修改另一个复制的对象,不会影响 a 本身。详细用法参见例 6.1。
- 可变类型。类似引用传递,如列表,字典。例如 fun(la)是将 la 真正的传过去,修改后,fun 外部的 la 也会受影响。详细用法参见例 6.2。

Python 中一切都是对象,严格意义不能说值传递还是引用传递,应该说是传不可变对象和传可变对象。

4. 函数返回值

有返回值的函数,格式为:

return 语句[表达式]

执行 return 语句,将退出函数,选择性地向调用方返回一个表达式,并且返回值可以在表达式中继续使用。例 6.1 的方法 1 涉及有返回值函数的定义。如果函数没有返回值,则可以单独作为表达式语句使用。

不带参数值的函数不需要写 return 语句,在平台中,更多体现的是直接输出结果。例 6.1 的方法 2 定义的函数就是一个无返回值的函数。例 6.1 的方法 2 涉及无返回值函数的定义。

在函数体中使用 return 语句,可以从函数跳出并返回一个值。如果需要返回多个值,则返回一个元组,例 6.1 的方法 4 出现 return a+b,a//b,a%b,即返回多个值。

5. 匿名函数

lambda 函数是一种简便的、在同一行定义函数的方法。lambda 实际上是生成一个函数对象,即匿名函数,它广泛用于需要函数对象作为参数或函数比较简单并且只使用一次的场合。lambda 函数的定义格式为 lambda 参数 1,参数 2,……:<函数语句>。例如,f=lambda x,y:x*y 这个匿名函数功能是返回参数 x 和 y 的乘积。调用形式是

f(3,5),结果为 15。

6. 递归函数

Python 中,一个函数既可以调用另一个函数,也可以调用它自己。如果一个函数调用了它们自己,就称为递归。每个递归函数必须包括两个主要部分:

- 终止条件。表示递归的结束条件,用于返回函数值,不再递归调用。
- 递归步骤。递归步骤把第 n 步的函数与第 $n-1$ 步的函数关联。

例如:计算 $n!$ 的递归函数的定义为:

```
def fact(n):
  if n==1:
    return 1
  else:
    return n * fact(n-1)
```

在 fact 函数中,递归的结束条件为"n == 1"。对于 fact 函数其递归步骤为"n * fact(n-1)"。即把求 n 的阶乘转化为求 n-1 的阶乘。

递归函数的调用,语法上与普通函数调用形式一样,但是具体调用流程不同。

7. 文件

文件是一个存储在辅助存储器上的数据序列,可以包含任何数据内容。概念上,文件是数据的集合和抽象,类似地,函数是程序的集合和抽象。用文件形式组织和表达数据更有效也更为灵活。

文件包括两种类型:文本文件和二进制文件。二进制文件和文本文件最主要的区别在于是否有统一的字符编码。无论文件创建为文本文件或者二进制文件,都可以用"文本文件方式"和"二进制文件方式"打开,打开后的操作不同。

本章侧重文本文件读入操作介绍。Python 对文本文件和二进制文件采用统一的操作步骤,即"打开—操作—关闭"。详细用法参见例 6.3。

1) 打开文件

Python 通过内置的 open 函数打开一个文件,并实现该文件与一个程序变量的关联,open 函数格式为:

<变量名> = open(<文件名>, <打开模式>)

open 函数有两个参数:文件名和打开模式。文件名可以是文件的实际名字,也可以是包含完整路径的名字。打开模式中与文本文件有关的打开模式是 t,t 表示文本模式,这是默认模式;r 表示以只读方式打开文件。文件的指针将会放在文件的开头,这是默认模式;w 表示打开一个文件只用于写入。如果该文件已存在则打开文件,并从开头开始编辑,即原有内容会被删除。如果该文件不存在,创建新文件。

2) 文件读操作

如果程序需要逐行处理文本文件内容,建议采用的格式为:

```
fo = open(fname, "rt")
for line in fo:
    #line 里放着文件里的一行数据
fo.close()
```

3）文件关闭

Python 通过 File 对象的 close 方法刷新缓冲区里任何还没写入的信息，并关闭该文件，这之后便不能再进行写入，例如：fo.close()是关闭文件。

用 close 方法关闭文件是一个很好的习惯。

6.2　本章示例

【例 6.1】　用不同自定义函数实现两数求和：输入两个数，输出两数的和。

方法 1：

```
def f(a,b):
    return a+b
a = input()
b = input()
print f(a,b)
```

用例输入：

```
5
6
```

用例输出：

```
11
```

代码解析：采用有返回值的函数定义，语句 return a＋b 返回两数的和。

方法 2：

```
def f(a,b):
    print a+b
a = input()
b = input()
f(a,b)
```

用例输入：

```
5
6
```

用例输出：

```
11
```

代码解析：采用无返回值的函数定义，语句 print a＋b 直接输出两数的和。

方法 3：

```
def f(a=3,b=4):
    print a+b
a = input()
b = input()
f(a,b)
f(a)
f()
```

用例输入：

```
5
6
```

用例输出：

```
11
9
7
```

代码解析：采用带默认值的函数定义，f(a,b)函数调用时，a、b 没有省略，所以用 5＋6 计算得到 11；f(a)函数调用时，a 没有省略，输入得到赋值 5，b 省略了默认用 4，所以用 5＋4 计算得到 9；调用 f 函数时，a、b 都省略，用默认 3 和 4，所以用 3＋4 计算得到 7。

方法 4：

```
def f(a,b):
    return a+b,a//b,a%b
a = input()
b = input()
n1,n2,n3=f(a,b)
print n1,n2,n3
```

用例输入：

```
5
6
```

用例输出：

```
11 0 5
```

代码解析：采用有返回值的函数定义，语句 **return a＋b,a//b,a%b** 返回值有多个，实际上是返回一个元组。

【例 6.2】 用自定义函数实现列表求和：以列表形式输入多个数，计算并输出列表的和。

方法 1：

```
def c(lst):
    return sum(lst)
a=input()
print c(a)
```

用例输入：

```
[1,2,3,4]
```

用例输出：

```
10
```

代码解析：采用有返回值的函数定义，语句 return sum(lst) 先调用内置函数 sum 计算列表的和，然后 return 返回和。

方法 2：

```
def c(lst):
    print sum(lst)
a=input()
c(a)
```

用例输入：

```
[1,2,3,4]
```

用例输出：

```
10
```

代码解析：采用无返回值的函数定义，语句 print sum(lst) 先调用内置函数 sum 计算列表的和，然后输出和。

方法 3：

```
def c(a, * b):
    print type(b)
    for n in b:
        a += n
    return a
x1,x2,x3,x4,x5=input()
print c(x1,x2,x3,x4,x5)
```

用例输入：

```
1,2,3,4,5
```

用例输出：

```
<type 'tuple'>
15
```

代码解析：采用可变参数的函数定义，从 b 参数之后所有的参数都被收集为一个元组，即 b 是一个可变参数。

【例 6.3】 采用读文件方法实现成绩计算：设某学生的某门课总评成绩由两部分组成：平时成绩和期末成绩，其中平时成绩占 30%，期末成绩占 70%。编写一个程序，要求通过文件依次读入 4 个学生的某门课的平时成绩和期末成绩（平时成绩与期末成绩以空格分隔，每行对应一个学生的成绩），依次输出 4 个学生的这门课的总评成绩。

```
fo = open("b.txt","rt")
for line in fo:
    a=line
    b=map(float,a.split())
    print sum(b)/2.0
fo.close()
```

无用例输入
用例输出：

```
86.5
62.75
64.0
71.75
```

代码解析：语句 for line in fo：是遍历文件的所有行，line 是从文件中每行读入的内容。

6.3 本章练习题

平台练习题主要涉及自定义函数的使用，即函数定义、调用、函数参数以及返回值情况。至于递归函数、可变参数等用法，平台评测是根据输出的结果与用例输出的字符串进行结果比对，因此不作要求。

首先，改写第 2 章的练习 2.3 成绩计算、练习 2.13 三个数求和；第 3 章练习 3.10 区间求和、练习 3.21 素数判断；第 4 章的练习 4.1 问候语、练习 4.3 字符串逆序输出。其次，完成下面练习题。

【练习 6.1】 奇偶判断。

从键盘输入一个正整数，判断是奇数还是偶数。

后置的预设代码：

```
i=input()
if isOdd(i)==True:
    print "odd"
else:
    print "even"
```

用例输入：

21

用例输出：

odd

用例输入：

56

用例输出：

even

【练习 6.2】 奇偶判断。

从键盘输入一个正整数,判断是奇数还是偶数。

后置的预设代码：

```
i=input()
isOdd(i)
```

用例输入：

21

用例输出：

odd

用例输入：

56

用例输出：

even

【练习 6.3】 多个数求和。

从键盘输入若干数,要求编写求和函数,调用该函数并输出和。

后置的预设代码：

```
a=input()
print c(a)
```

用例输入：

1,2,3,4,5

用例输出：

15

【练习 6.4】 求平方。

题目描述：从键盘输入若干个数，要求调用 f 函数输出这些数对应的平方。

前置的预设代码：

```
def f(x):
    return x * x
```

用例输入：

```
[1,2,3,4,5,6,7,8,9]
```

用例输出：

```
[1, 4, 9, 16, 25, 36, 49, 64, 81]
```

【练习 6.5】 翻转数。

题目描述：从键盘输入一个整数，要求计算该数的翻转数与 2 的积。

后置的预设代码：

```
a=input()
b=fun(a) * 2
print b
```

用例输入：

```
123
```

用例输出：

```
642
```

【练习 6.6】 多项式求和。

题目描述：键盘输入 m 值，输出 $1+(1+2)+(1+2+3)+\cdots+(1+2+3+\cdots+m)$ 的值。

前置的预设代码：

```
def fun(n):
    s=0
    for i in range(n+1):
        s=s+i
    return s
```

用例输入：

```
3
```

用例输出：

```
10
```

【练习 6.7】 多项式求和。

题目描述：计算数列前 n 项和并输出，n 从键盘输入。

例如：输入 20，该多项式是 8(3×1+5＝8)＋11(3×2+5＝11)＋14(3×3+5＝14)＋17(3×4+5＝17)＋…＋65(3×20+5＝65)

后置的预设代码：

```
a=input()
s=f(a)
print s
```

用例输入：

```
20
```

用例输出：

```
730
```

【练习 6.8】 闰年个数。

题目描述：从键盘输入 m 和 n，输出 $[m, n]$ 范围内的闰年个数。

用例输入：

```
2000,2020
```

用例输出：

```
6
```

【练习 6.9】 单词个数统计——读文件。

题目描述：从文件 word.txt 读入一个带空格的字符串（其长度不超过 1000），统计其中有多少个单词。

无用例输入

用例输出：

```
113 words
```

【练习 6.10】 评分计算——读文件。

题目描述：设有 8 个评委评分（文本文件 pf.txt 中），统计时，去掉 1 个最高分和 1 个最低分，计算其余成绩的平均分（2 位小数形式）。

无用例输入

用例输出：

```
9.07
```

6.4　本章问题帖

1. 关于函数改写

问：下面函数哪里改得不对？

```
def c(a,b):
 print a,b=b,a
a=input()
b=input()
c(a,b)
```

答：a,b＝b,a是一种解包赋值，实现ab交换的，交换不涉及值的输出，所以不能写成print a,b＝b,a，而应该写成：

```
a,b=b,a
print a,b
```

2. 关于函数改写

问：下面函数哪里改得不对？

```
def c(a):
 s=0
 for i in (m,n):
   s=s+i
 print s
c(a)
```

答：函数定义c的函数体中for循环，m、n没有赋初值。再说求区间和，参数需要2个，即m、n。另外调用c函数时，a没赋值。修改为：

```
def c(m,n):
 s=0
 for i in (m,n):
   s=s+i
 print s
a,b=input()
c(a,b)
```

3. 关于函数改写

问：下面函数哪里改得不对？

```
def c(n):
```

```
n=input()
for i in range(2,n):
  if n%i==0:
    print "no"
  else:
    print "yes"
c(n)
```

答：函数调用时，n 没有赋值就直接用了。既然 n 是 c 函数的形参，其值通过函数调用时，通过参数传递获得，在函数体里写 n＝input()实际上是对参数传递机制不了解的原因。修改为：

```
def c(n):
for i in range(2,n):
 if n%i==0:
    print "no"
 else:
    print "yes"
n=input()
c(n)
```

4. 关于函数改写

问：下面函数哪里改得不对？

```
def c(s):
 s=raw_input()
 s=s[::-1]
 return s
c(s)
```

答：函数调用时，s 没有赋值就直接用了。既然 s 是 c 函数的形参，其值通过函数调用时，通过参数传递获得，在函数体里写 s＝raw_input()实际上是对参数传递机制不了解的原因。修改为：

```
def c (s):
 s=s[::-1]
 return s
s=raw_input()
c(s)
```

5. 关于函数改写

问：交换两个数，如何进行函数改写？
答：方法 1：函数带返回值，返回多个值的语法，实际上返回的是元组。

```
def change(a,b):
    a,b=b,a
    return a,b
a=input()
b=input()
c=change(a,b)
print c[0],c[1]
```

或

```
def change(a,b):
    a,b=b,a
    return a,b
a=input()
b=input()
x,y=change(a,b)
print x,y
```

方法 2：无返回值函数。

```
def change(a,b):
a,b=b,a
print a,b
a=input()
b=input()
change(a,b)
```

第 **7** 章 综合应用

本章的练习题可以分为 3 次完成,第 1 次和第 2 次练习侧重基础语法(输入输出、表达式、选择、循环、字符串、列表、函数等)的掌握,第 3 次练习侧重相对复杂一些的应用。

7.1 基 础 练 习

综合应用练习 1

【练习 7.1】 个十百。
题目描述:键盘输入一个三位数,分别输出其个、十、百以及个十百上的数之和。
用例输入:

123

用例输出:

3+2+1=6

【练习 7.2】 矩形面积计算。
题目描述:从键盘输入矩形的长和宽,输出其面积。
用例输入:

5,3

用例输出:

area= 15

【练习 7.3】 分段函数。
题目描述:从键盘输入一个 x 值,输出 $f(x)$,该分段函数定义如图 7.1 所示。
用例输入:

-20

$$f(x) = \begin{cases} 10 & x < -10 \\ x+5 & -10 \leqslant x < 10 \\ x^2 + x - 2 & x \geqslant 10 \end{cases}$$

用例输出:

图 7.1 $f(x)$ 分段函数

10

【练习 7.4】 罚息计算。

题目描述：按规定银行信用卡每笔借款享有 50 天的无息贷款期，若超过 50 天按日息万分之五来收取罚息。从键盘输入某人欠款以及欠款天数，请计算该人需要交的罚息并输出，要求保留 2 位小数。

提示：罚息＝日息(万分之五)×借款额×超期天数

用例输入：

```
521.5,75
```

用例输出：

```
late=6.52
```

【练习 7.5】 求区间上满足条件的数的个数。

题目描述：从键盘输入正整数 M 和 N，$999 < M < N < 10000$，求区间 $[M, N]$ 上的满足下面条件的四位数的个数并输出。

条件：四位数 abcd 的前二位 ab 与后两位 cd 满足 ab：cd＝1：3。

例如：1030，10：30＝1：3。

用例输入：

```
1024
2630
```

用例输出：

```
16
```

【练习 7.6】 多项式求和。

题目描述：求 $s = a + aa + aaa + aaaa + \cdots\cdots$ 的前 n 项和，a 和 n 从键盘上输入，如输入 2 和 5，则求 2＋22＋222＋2222＋22222 的值。

提示：用循环组合出规律或者用字符串更容易，可以利用字符串运算符 ＊、int 函数、str 函数。

用例输入：

```
2,3
```

用例输出：

```
246
```

【练习 7.7】 最大公约数。

题目描述：从键盘输入两个数，求两个数的最大公约数。

提示：用穷举法写普通函数或递归函数。

后置的预设代码：

```
a,b=input()
print gcd(a,b)
```

用例输入：

```
126,12
```

用例输出：

```
6
```

【练习 7.8】 偶数处理。

题目描述：从键盘上输入多个数，当某个输入数是奇数则不变，是偶数则将该数加 2。按输入先后顺序依次输出处理后的多个数。

用例输入：

```
[12,4,5,2,7]
```

用例输出：

```
14 6 5 4 7
```

综合应用练习 2

【练习 7.9】 买水果。

题目描述：王小二到超市去买东西，设苹果 3.5 元/斤，香蕉 4.2 元/斤，他买了 a 斤苹果，b 斤香蕉。王小二给收银员 100 元，计算并输出王小二收到的找零。

用例输入：

```
5
3
```

用例输出：

```
69.9 change
```

【练习 7.10】 分段函数。

题目描述：从键盘上输入 x 值，输出对应的函数值，该分段函数定义如图 7.2 所示。

后置的预设代码：

```
x=input()
y=f(x)
print "%.2f"%y
```

$$f(x)=\begin{cases}3x^2+10 & x\geqslant0\\2x+7 & x<0\end{cases}$$

图 7.2 $f(x)$ 分段函数

用例输入：

```
-10
```

用例输出：

```
-13.00
```

【练习 7.11】 猜词。

题目描述：已知数字 1,2,3 对应 Susanna；4,5 对应 Yolanda；6,7,8 对应 Rose；9,10 对应 Clover。从键盘输入一个数字，如果是 1～10，输出对应的单词，如果是 1～10 之外的数，输出 error。

用例输入：

2

用例输出：

Susanna

用例输入：

-4

用例输出：

error

【练习 7.12】 阶梯电价。

题目描述：北京市居民用电采用阶梯电价，全年用电在小于 2880 千瓦时，电价为 0.48 元/千瓦时；用电量在 2881 千瓦时～4800 千瓦时，电价为 0.53 元/千瓦时；超过 4800 千瓦时的部分，电价为 0.78 元/千瓦时。要求从键盘上输入用电量，计算并输出需付电费。

用例输入：

3124

用例输出：

1511.72

【练习 7.13】 猴子吃桃。

题目描述：设猴子第一天摘下 n 个桃子，当即就吃了一半，又感觉不过瘾，于是就多吃了一个。以后每天如此，要求计算第 k 天准备吃前所剩的桃子数。（n 和 k 从键盘输入）

提示：采用正推法。后一天的桃子数目＝前一天的桃子数/2－1

用例输入：

1534,10

用例输出：

1

【练习 7.14】 蜘蛛的只数。

题目描述：蜘蛛 8 条腿，蜻蜓 6 条腿，两种虫子共 m 只，蜘蛛的腿数比蜻蜓的腿数多 n 只，问蜘蛛有几只。m 和 n 从键盘输入。

用例输入：

110

40

用例输出：

50

用例输入：

18

3

【练习 7.15】 字符串输出。

题目描述：从键盘输入一个字符串，输出偶数位置的字符。

用例输入：

How do you do?

用例输出：

o oyud?

【练习 7.16】 输出大于均值的数。

题目描述：从键盘上输入多个成绩，按输入顺序输出大于均值的数。

用例输入：

[88,64,75,92,57]

用例输出：

88 92

7.2　进阶与提高

综合应用练习 3

【练习 7.17】 第 n 个素数。

题目描述：输入正整数 a 和 b，$a<b$，寻找[a,b]中第 n 个素数并输出，n 也从键盘输入。如果第 n 个素数不存在，则输出"no result"。

提示：素数就是只能被 1 和自身整除的正整数。注意：1 不是素数，2 是素数。

用例输入：

2,10,5

用例输出：

no result

用例输入：

100,200,20

用例输出：

197

【练习 7.18】 最优组合问题。

题目描述：一个长度为 L 米的材料，需要截成长度为 a 米和 b 米的短材料，其中 L，a，b 从键盘上输入，编程求解两种短材料各截多少根时，剩余的材料最少，输出 a，b 的根数，以及剩余材料的长度。L，a，b 均为正数。

用例输入：

22,4,5

用例输出：

3 2 0

题目解析：穷举法与求最小值算法结合。

【练习 7.19】 亲密数。

题目描述：若 n 的全部因子（包括 1，不包括 n 本身）之和等于 m，且 m 的全部因子（包括 1，不包括 m 本身）之和等于 n，且 m 不等于 n，则将 n 和 m 称为亲密数。从键盘上输入 k，输出 k 以内全部的亲密数。

用例输入：

2000

用例输出：

220,284
1184,1210

题目解析：计算因子和建议通过函数调用。注意：此题如果用两重循环，加上频繁调用函数计算因子和，可能出现超时导致用例不通过。建议优化为 1 重循环。

【练习 7.20】 丑数。

题目描述：只包含质因子 2、3 和 5 的数称作丑数（UglyNumber），习惯上 1 也被认为是丑数。从键盘上输入 n，输出前 n 个丑数。

用例输入：

17

用例输出：

1 2 3 4 5 6 8 9 10 12 15 16 18 20 24 25 27

题目解析：某一正整数的质因子（素因子）是指能整除该数的质数（素数）。素数就是只能被 1 和自身整除的正整数。注意：1 不是素数，2 是素数。

【练习 7.21】 凯撒加密。

题目描述：从键盘输入一个字符串，使用凯撒加密算法加密(设移位数为3)并输出加密后的字符串。

思考：字符串不支持索引号修改值(例如 s＝"hello"，想将 s[0]改为'm'(移位5)，则语句 s[0]＝'m'是错误的)，怎么办？

用例输入：

Hello,China!

用例输出：

Khoor,Fklqd!

【练习 7.22】 快来吃苹果。

题目描述：装有 n 个苹果的箱子中，不幸混入了一条快乐贪吃的虫子。虫子每 x 小时能吃掉一个苹果。假设虫子在吃完一个苹果之前不会吃另一个，那么经过 y 小时，还剩多少个苹果没有被虫子吃过？依次从键盘输入 n, x, y 的值。

用例输入：

3 2 1

用例输出：

2

题目解析：从题目的描述来看，这是一个分支结构的题目。如果 y％x＝＝0，那么剩余的苹果数量为 n－y/x，否则剩余 n－y/x－1。特殊情况需要考虑，如果经过 y 小时虫子吃掉的苹果比 n 多，那么剩余苹果为 0 个。这是这个题目中隐含需要处理的问题，也是大家解题容易漏掉的点。

【练习 7.23】 帮聪明猪找位置。

题目描述：聪明猪及其家人和其他猪群居，他们面临凶恶屠户，屠夫有一个嗜好，他喜欢将群居的猪排成一行，首先将处于奇数位置的猪送到屠宰场，剩下的猪自然成为新的一行。在新的一行中，再次将处于单数位置的猪送到屠宰场，如此重复多次。从键盘上输入所有猪的个数 m(假设 m 不超过 100)，聪明猪及家人的个数 n，求解聪明猪及家人应该站的最佳位置，输出这些位置。

用例输入：

13,3

用例输出：

4,8,12,

题目解析：题目中要求为聪明猪找到合适的位置，首先假定所有猪的位置都是合理的，设置为有效标志；如果被屠夫杀掉，那么猪的位置标志设为无效状态；最终保留聪明猪一家的位置为有效态，即为输出结果。

【练习 7.24】 最大整数。

题目描述:设有 n 个整数,每个正整数均在 int 表示的范围内,将它们连接成一排组成一个最大的多位整数。例如:$n=3$ 时,3 个正整数 13,312,343,连接成的最大整数为 34331213;$n=4$ 时,4 个正整数 7,13,4,246,连接成的最大整数为 7424613。

用例输入:

13,312,343

用例输出:

34331213

题目解析: 从题目的描述来看,比较容易想到将 n 个数当作字符串处理,然后把这 n 个字符串按照从大到小排序之后输出。但这个方法是错误的,举个例子,$s1=71$,$s2=712$,最大值应该是 71712,但如果按照字符串比较后的输出是 71271。应该将两个字符串连接后的数值大小来决定两个字符串的先后顺序。也就是如果 $s1+s2>s2+s1$ 则 $s1$ 排在前面,也即认为 $s1>s2$;否则 $s1+s2<s2+s1$ 则认为 $s1<s2$。本题将用到的数据类型是列表与字符串。首先输入一个列表(为了后面解题的方便,不需要将字符输入类型转成整数),然后对列表元素(每个元素是一个字符串)两两结合时的新串对应的整数值进行比较,实现列表按照串值大小进行降序排序,最后将排序好的列表各个字符串类型的元素,以整数形式输出。在实现过程中,字符串的结合,直接用"+"运算即可。本题难点在于串的两两比较,所用算法类似于冒泡排序。

【练习 7.25】 小明爬楼。

题目描述:已知一个楼梯有 n 级,小明同学从下往上走,可以一步一级,也可以一步走两级。问他走到第 n 级有多少种走法?思考:如果上楼梯的方式有变化,比如可一步上一级,可一步上两级,也可一步上三级。该如何实现?

用例输入:5

用例输出:8

题目解析: 假设走到第 n 级有 $f(n)$ 种走法,走到第 $n+1$ 级有 $f(n+1)$ 种走法,则走到第 $n+2$ 级,则可分成两种情况:

- 最后一步是从第 n 级直接登两级到第 $n+2$ 级。
- 最后一步是从第 $n+1$ 级直接登一级到第 $n+2$ 级。

由于从地面到第 n 级,和到第 $n+1$ 级的走法已经知道,故从地面到第 $n+2$ 级的走法:$f(n+2)=f(n)+f(n+1)$,$f(1)=1$,$f(2)=2$,$f(3)=3$,$f(4)=5$,$f(5)=8$,$f(6)=13$,$f(7)=21$,$f(8)=34$,$f(9)=55$,$f(10)=89$,$f(11)=89+55=144$,$f(12)=144+89=233$

依次类推,是一种斐波那契数列。这个题目有两种解法:

- 直接利用推导出来的公式进行求解。
- 利用递归函数求解。一个函数可以调用另一个已经定义的函数,如果该函数调用自己,就称为递归调用,这样的函数也是递归函数。

【练习 7.26】 找满足条件的个数。

题目描述：先输入一个自然数 $n(n \leqslant 1000)$，然后对此自然数按照规则进行处理：

- 不作任何处理；
- 在它的左边加上一个自然数，但该自然数不能超过原数的一半；
- 加上数后，继续按此规则进行处理，直到不能再加自然数为止。

请找出上述操作能得到的数。

用例输入：

6

用例输出：

6,16,26,126,36,136

题目解析：这个题目并不要求输出满足条件的数，只是对满足条件的数进行计数。使用递归函数来实现每个数左边能加自然数的统计，判断 $n/2$，$(n/2)/2$，$(n/2)/2/2$……是不是满足条件，当等于 0 时，不满足条件，将不再进行计数。

【练习 7.27】 分解质因子。

题目描述：输入一个正整数，由小到大输出它的所有质因子（因子是质数）分解的结果，以及去重后的质因子输出。

用例输入：

18

用例输出：

result=[2,3,3]
factor=2,3,

题目解析：本题目可以用递归函数来实现质因子分解。结果输出去重后的质因子时，可以保持原列表的顺序进行去重，也可以不保持原列表去重两种实现方法。

题目难点：质因子的分解的递归处理；输出结果，要求是去重后的质因子。本题目可以用递归函数来实现质因子分解。结果输出去重，保持原列表的顺序去重，也可以不保留去重两种实现。

【练习 7.28】 幂次方表示。

题目描述：任何一个正整数都可以用 2 的幂次表示，例如：$137 = 2^7 + 2^3 + 2^0$，同时约定方次用括号来表示，即 a^b 可以表示为 a(b)。也即：$137 = 2(7) + 2(3) + 2(0)$，进一步，$7 = 2^2 + 2 + 2^0$，$3 = 2 + 2^0$，所以，$137 = 2(2(2) + 2(1) + 2(0)) + 2(2(1) + 2(0)) + 2(0)$。

用例输入：

137

用例输出：

2(2(2)+2(1)+2(0))+2(2(1)+2(0))+2(0)

题目解析：将 n 拆分成若干 2 的幂次和，再将各个幂次指数拆分成若干 2 的幂次的和，可以定义 p[0] 表示 2 的 0 次方，p[1] 表示 2 的 1 次方，p[2] 表示 2 的 2 次方……从最接近 n 值的 2 的幂次方开始分解，如果 n 大于或等于 2^i，则 n 减去 2^i，将 i 分解，……直到 n 为 0；这个题目与之前的题目 2 类似，也是用到递归函数。题目要求的输出，要用到字符连续输出，可以在 Python 2 中加入 from __future__ import print_function 语句，可以让 Python 2 的 print 语句，使用 Python 3 的语法。

7.3　本章问题帖

1. 关于罚息计算

问：下面程序哪里出错了？

```
a,b=input()
if a>50:
  c=a*(b-50)/2000
else:
  c=0.00
print "late=","%.2f"%c
```

答：c=a*(b-50)/2000 改为 c=a*(b-50)/2000.0 这样保证 c 的值带小数。另外，根据用例输入，b 是天数，是否搞混淆了"if a>50:"应该是"if b>50:"。完整代码修改为：

```
a,b=input()
if b>50:
 c=a*(b-50)/2000.0
else:
 c=0.0
print "late=%.2f"%c
```

2. 关于求区间上满足条件的数的个数

问：下面程序哪里出错了？

```
s=0
for i in range(1000,10000):
a=i/1000%10
b=i/100%10
c=i/10%10
d=i/1%10
if 3*(10*a+b)==10*c+d:
s=s+1
print s
```

答：注意题目描述，求区间上的 4 位数，区间是从键盘输入的，而这个代码是所有的四位数。

3. 关于最优组合

问：这样实现可以吗？

```
l,a,b=input()
s=10000
for i in range(0,l/a+1):
    for j in range(0,l/b+1):
        c=l-a*i-b*j
        if (0<=c)and(c<s):
            s=c
            mina=i
            minb=j
print mina,minb,s
```

答：s 初值设置得不合适。另外，mina 和 minb 没有初值，修改为：

```
l,a,b=input()
s=l
mina=0
minb=0
for i in range(l/a+1):
    for j in range(l/b+1):
        c=l-a*i-b*j
        if (0<=c)and(c<s):
            s=c
            mina=i
            minb=j
print mina,minb,s
```

4. 关于最优组合

问：下面程序有问题吗？

```
L,a,b=input()
s=0
e=[L]
q=[]
c=L/a
d=L/b
if (L>a)and(L>b):
    for i in range(1,c):
        for m in range(0,d):
```

```
       s=L-a*i-b*m
       if s>=0:
           e.append(s)
           q=min(e)
  for i in range(0,c):
   for m in range(0,d):
      if q==L-a*i-b*m:
        print i,m,q
     else:
        print 0,0,L
```

答：首先 q 是最小值，没有必要定义为列表；其次，e 是放了可能的组合，那么第一个列表项是组合 ab 为 0、剩余为 L 的情况，代码修改为：

```
L,a,b=input()
s=0
e=[L]
c=L/a
d=L/b
for i in range(c):
    for m in range(1,d):
        s=L-a*i-b*m
        if s>=0:
            e.append(s)
if len(e)==1:
    print 0,0,L
else:
 q=min(e)
 for i in range(c):
    for m in range(d):
        if q==L-a*i-b*m:
          print i,m,q
```

参 考 文 献

[1]　赵璐. Python 语言程序设计教程[M]. 上海：上海交通大学出版社，2019.

[2]　嵩天. Python 语言程序设计基础[M]. 2 版. 北京：高等教育出版社，2017.

附录 A 内置函数

学习 Python 不可避免要了解 Python 的内置函数,熟悉这些之后可以给编程带来很大的方便。

1. 数学运算类

函 数 名	函 数 功 能
abs(x)	求绝对值
complex([real[,imag]])	创建一个复数
divmod(a, b)	分别取商和余数
float([x])	将一个字符串或数转换为浮点数
int([x[, base]])	将一个字符转换为 int 类型
long([x[, base]])	将一个字符转换为 long 类型
pow(x, y[, z])	返回 x 的 y 次幂
range([start], stop[, step])	产生一个序列
round(x[, n])	四舍五入
sum(iterable[, start])	对集合求和
oct(x)	将一个数字转化为八进制
hex(x)	将整数 x 转换为十六进制字符串
chr(i)	返回整数 i 对应的 ASCII 字符
bin(x)	将整数 x 转换为二进制字符串
bool([x])	将 x 转换为 Boolean 类型

2. 逻辑判断类

函 数 名 称	函 数 功 能
all(iterable)	集合中的元素都为真的时候为真
any(iterable)	集合中的元素有一个为真的时候为真
cmp(x, y)	如果 x < y,返回负数;如果 x == y, 返回 0;如果 x > y, 返回正数

3. I/O 操作类

函 数 名 称	函 数 功 能
file(filename [, mode [,bufsize]])	file 类型的构造函数,作用为打开一个文件,如果文件不存在且 mode 为写或追加时,文件将被创建
input([prompt])	获取用户输入
open(name[, mode[, buffering]])	打开文件
print	打印函数
raw_input([prompt])	设置输入

4. 集合类操作

函 数 名 称	函 数 功 能
basestring()	str 和 unicode 的超类
format(value [,format_spec])	格式化输出字符串
unichr(i)	返回给定 int 类型的 unicode
enumerate(sequence [, start = 0])	返回一个可枚举的对象
iter(o[, sentinel])	生成一个对象的迭代器,第二个参数表示分隔符
max(iterable[, args…][key])	返回集合中的最大值
min(iterable[, args…][key])	返回集合中的最小值
dict([arg])	创建数据字典
list([iterable])	将一个集合类转换为另外一个集合类
set()	set 对象实例化
frozenset([iterable])	产生一个不可变的 set
str([object])	转换为 string 类型
sorted(iterable[, cmp[, key[, reverse]]])	队集合排序
tuple([iterable])	生成一个 tuple 类型
xrange([start], stop[, step])	xrange 函数与 range 类似,但 xrnage 函数并不创建列表,而是返回一个 xrange 对象

5. 映射类

函 数 名 称	函 数 功 能
callable(object)	检查对象 object 是否可调用

函 数 名 称	函 数 功 能
classmethod()	注解,用来说明这个方式是个类方法
compile(source, filename, mode[, flags [,dont_inherit]])	将 source 编译为代码或者 AST 对象
dir([object])	① 不带参数时,返回当前范围内的变量、方法和定义的类型列表;②带参数时,返回参数的属性、方法列表;③如果参数包含方法 dir(),该方法将被调用;④如果参数不包含 dir(),该方法将最大限度地收集参数信息 delattr(object,name) 删除 object 对象名为 name 的属性
eval(expression [, globals [, locals]])	计算表达式 expression 的值
execfile(filename [, globals [, locals]])	用法类似 exec(),不同的是 execfile 的参数 filename 为文件名,而 exec 的参数为字符串
filter(function,iterable)	构造一个序列,等价于[item for item in iterable if function(item)]
getattr(object, name [, defalut])	获取一个类的属性
globals()	返回一个描述当前全局符号表的字典
hasattr(object, name)	判断对象 object 是否包含名为 name 的特性
hash(object)	如果对象 object 为哈希表类型,返回对象 object 哈希值
id(object)	返回对象的唯一标识
isinstance(object, classinfo)	判断 object 是否是 class 的实例
issubclass(class, classinfo)	判断是否是子类
len(s)	返回集合长度
locals()	返回当前的变量列表
map(function,iterable,…)	遍历每个元素,执行 function 操作
memoryview(obj)	返回一个内存镜像类型的对象
next(iterator[, default])	类似于 iterator.next()
object()	基类
property([fget[, fset[, fdel[, doc]]]])	属性访问的包装类,设置后可以通过 c.x＝value 等来访问 setter 和 getter
reduce(function,iterable[, initializer])	合并操作,从第一个开始是前两个参数,然后是前两个的结果与第三个合并进行处理,以此类推
reload(module)	重新加载模块
setattr(object, name, value)	设置属性值
repr(object)	将一个对象变换为可打印的格式
slice()	实现切片对象,主要用在切片操作函数里的参数传递

函 数 名 称	函 数 功 能
staticmethod	声明静态方法,是个注解
super(type[, object-or-type])	引用父类
type(object)	返回该 object 的类型
vars([object])	返回对象的变量,若无参数与 dict()方法类似
bytearray([source [, encoding [, errors]]])	返回一个 byte 数组
zip([iterable, …])	将对象逐一配对

图 书 资 源 支 持

感谢您一直以来对清华版图书的支持和爱护。为了配合本书的使用,本书提供配套的资源,有需求的读者请扫描下方的"书圈"微信公众号二维码,在图书专区下载,也可以拨打电话或发送电子邮件咨询。

如果您在使用本书的过程中遇到了什么问题,或者有相关图书出版计划,也请您发邮件告诉我们,以便我们更好地为您服务。

我们的联系方式:

地　　址:北京市海淀区双清路学研大厦 A 座 714

邮　　编:100084

电　　话:010-83470236　　010-83470237

客服邮箱:2301891038@qq.com

QQ:2301891038〔请写明您的单位和姓名〕

资源下载:关注公众号"书圈"下载配套资源。

资源下载、样书申请

书 圈

获取最新书目

观看课程直播